神奇的自然地理百科丛书

创造和谐的大自然——自然保护区 1

谢　宇◎主编

花山文艺出版社
河北·石家庄

图书在版编目（CIP）数据

创造和谐的大自然——自然保护区.1　/ 谢宇主编
. —石家庄：花山文艺出版社，2012（2022.2重印）
（神奇的自然地理百科丛书）
ISBN 978-7-5511-0661-0

Ⅰ. ①创…　Ⅱ. ①谢…　Ⅲ. ①自然保护区－中国－青年读物②自然保护区－中国－少年读物　Ⅳ. ①S759.992-49

中国版本图书馆CIP数据核字(2012)第248526号

丛 书 名：神奇的自然地理百科丛书
书　　名：创造和谐的大自然——自然保护区 1
主　　编：谢　宇

责任编辑：李倩迪
封面设计：袁　野
美术编辑：胡彤亮
出版发行：花山文艺出版社（邮政编码：050061）
（河北省石家庄市友谊北大街 330号）
销售热线：0311-88643221
传　　真：0311-88643234
印　　刷：北京一鑫印务有限责任公司
经　　销：新华书店
开　　本：700×1000　1/16
印　　张：10
字　　数：140千字
版　　次：2013年1月第1版
2022年2月第2次印刷
书　　号：ISBN 978-7-5511-0661-0
定　　价：38.00元

前 言

人类自身的发展与周围的自然地理环境息息相关，人类的产生和发展都十分依赖周围的自然地理环境。自然地理环境虽是人类诞生的摇篮，但也存在束缚人类发展的诸多因素。人类为了自身的发展，总是不断地与自然界进行顽强的斗争，克服自然的束缚，力求在更大程度上利用自然、改造自然和控制自然。可以毫不夸张地说，一部人类的发展史，就是一部人类开发自然的斗争史。人类发展的每一个新时代基本上都会给自然地理环境带来新的变化，科学上每一个划时代的成就都会造成对自然地理环境的新的影响。

随着人类的不断发展，人类活动对自然界的作用也越来越广泛，越来越深刻。科技高度发展的现代社会，尽管人类已能够在相当程度上按照自己的意志利用和改造自然，抵御那些危及人类生存的自然因素，但这并不意味着人类可以完全摆脱自然的制约，随心所欲地驾驭自然。所有这些都要求人类必须认清周围的自然地理环境，学会与自然地理环境和谐相处，因为只有这样才能共同发展。

我国是人类文明的重要发源地之一，这片神奇而伟大的土地历史悠久、文化灿烂、山河壮美，自然资源十分丰富，自然地理景观灿若星辰，从冰雪覆盖的喜马拉雅、莽莽昆仑，到一望无垠的大洋深处；从了无生气的茫茫大漠、蓝天白云的大草原，到风景如画的江南水乡，绵延不绝的名山大川，星罗棋布的江河湖泊，展现和谐大自然的自然保护区，见证人类文明的自然遗产等自然胜景共同构成了人类与自然和谐相处的美丽画卷。

“读万卷书，行万里路。”为了更好地激发青少年朋友的求知欲，最大程度地满足青少年朋友对中国自然地理的好奇心，最大限度地扩展青少年读者的自然地理知识储备，拓宽青少年朋友的阅读视野，我们特意编写了这套“神奇的自然地理百科丛书”，丛书分为《不断演变的明珠——湖泊》《创造和谐的大自然——自然保护区 1》《创造和谐的大自然——自然保护区 2》《历史的记忆——文化与自然遗产博览 1》《历史的记忆——文化与自然遗产博览 2》《流动的音符——河流》《生命的希望——海洋》《探索海洋的中转站——岛屿》《远航的起点和终点——港口》《沧海桑田的见证——山脉》十册，丛书将名山大川、海岛仙境、文明奇迹、江河湖泊等神奇的自然地理风貌一一呈现在青少年朋友面前，并从科学的角度出发，将所有自然奇景娓娓道来，与青少年朋友一起畅游瑰丽多姿的自然地理百科世界，一起领略神奇自然的无穷魅力。

丛书根据现代科学的最新进展，以中国自然地理知识为中心，全方位、多角度地展现了中国五千年来，从湖泊到河流，从山脉到港口，从自然遗产到自然保护区，从海洋到岛屿等各个领域的自然地理百科世界。精挑细选、耳目一新的内容，更全面、更具体的全集式选题，使其相对于市场上的同类图书，所涉范围更加广泛和全面，是喜欢和热爱自然地理的朋友们不可或缺的经典图书！令人称奇的地理知识，发人深思的神奇造化，将读者引入一个全新的世界，零距离感受中国自然地理的神奇！流畅的叙述语言，逻辑严密的分析理念，新颖独到的版式设计，图文并茂的编排形式，必将带给广大青少年轻松、愉悦的阅读享受。

编者

2021年8月

目 录

第一章 自然保护区简介

一、大自然的瑰宝

自然保护区在全球范围的广泛建立，是当代自然资源保护和管理中的一件大事。一个世纪以前，自然保护区这个名词还不为人们所熟知，半个世纪以后，它就像雨后春笋，在全世界不同国家、不同地域破土萌生。到20世纪50年代以后，自然保护区在全世界广泛设立，有些国家自然保护区的面积超过了国土面积的10%，自然保护区的数量达到1000个以上。从目前的趋势来看，全世界自然保护区的数量和面积仍在不断增加。特别有意思的是，不仅国家和政府建立了自然保护区，一些国家的私人团体和个人也开始建立自然保护区。自然保护区这个名词不仅为人们所熟知，并且几乎变成了一个国家文明与进步的象征了。

河北省昌黎黄金海岸自然保护区

1.人类的觉醒

自然保护区事业之所以能够得到如此普遍的重视和迅速的发展，是有着深刻的历史背景的。翻开人类的历史，在这部永远也没有终结的巨著中，人们用了很大的篇幅和笔墨来描绘他们在征服自然的过程中所取得的一个又一个胜利。字里行间总是洋洋得意地流露出这样一种思想：我们居住的这个星球的自然资源，是取之不尽、用之不竭的；人类与自然的关系是索取与被开发利用的关系；如何用最少的人力和物力，在最短的时间内从无尽的宝藏中获得最大限度的利益，就是衡量人类文明与进步的重要标志。直至这部历史的最近一个世纪，人类才开始认识到，在他们与大自然的斗争中，过低地估计了对手的力量，在人们欢庆自己的胜利之时，却忽略了他们在改变自然的同时由于对环境的冲击而带来的恶果。人们开始觉察到由于自己的无知和轻敌，在与大自然斗争的战略上已经铸成了大错。因为人类征服自然的胜利，往往是用削弱和破坏他们赖以维持生命的这个星球的资源和环境为代价的。

大自然无情的报复，把陶醉在胜利的欢乐中的人们从睡梦中惊

射阳滩涂自然保护区

醒。为了人类长期的生存与繁荣，他们必须学会爱护自然、保护自然，并采取一系列综合的措施。在这些综合的措施中，建立自然保护区就是其中的一个重要环节。

2.自然保护区的功能

自然保护区是为了保护各种重要的生态系统及其环境，拯救濒于灭绝的物种，保护自然历史遗产而划定的进行保护和管理的特殊地域的总称。在这些自然保护区中，既包括各种自然地带中各种生态系统的代表；又包括一些珍贵、稀有动植物品种的集中分布区，候鸟繁殖、越冬和迁徙的停歇地，以及饲养、栽培品种的野生近缘种的集中产地；还包括风光绮丽的天然风景区；同时也包括具有特殊保护价值的地质剖面、化石产地、冰川遗迹、喀斯特地貌、瀑布、温泉、火山口以及陨石所在地等。自然保护区只是一个泛称，实际上，由于建立的目的、要求和本身所具备的条件不同，而有多种类型。各种类型的自然保护区，都是自然界献给人类的宝贵财富，它们像一颗颗光彩夺目的明珠，星散地分布在亟待修补的地球上。

自然保护区究竟有什么作用？为什么值得人们如此重视自然保护区的建设呢？下面就让我们用事实来回答这一问题。

首先，自然保护区保留了一定面积的各种类型的生态系统，可以为后世留下天然的“本底”。这个天然的“本底”是今后在利用改造自然时可以为人类提供评价标准以及预计人类活动将会引起的后果。但是现今世界上各种自然生态系统和各种自然地带的自然景观，正在大面积地遭到人类的干扰和破坏。森林无限制地被采伐、草原的盲目开垦和过度放牧、热带的农业开发以及城市不断扩大等，使得许多地区生态平衡失调，有些地区的自然面貌已难以辨认。为了研究这些地

射阳滩涂保护区中的芦苇

区的自然资源和环境的特点，以便提出合理的利用和保护措施，不得不借助于古代的文献记载、考古材料、自然界残留的某些特征（诸如孑遗生物种类、土壤剖面、地貌类型等）和古生物学的研究资料，来推测已不复存在的自然界的原始面貌。由此可见，在各种自然地带保留下来的、具有代表性的天然生态系统或原始景观地段，都是极为珍贵的自然界的原始“本底”，它对于衡量人类活动结果的优劣，提供了评价的准则，同时也对探讨某些自然地域生态系统和今后合理发展的方向指出了一条途径，以便人类能够按照需要而定向地控制其演化方向。

第二，自然保护区是各种生态系统以及生物物种的天然贮存库。现今世界上物种的确切数量究竟是多少，直到目前还不十分清楚，尽管生物分类学家们在研究物种方面进行了大量的工作，但由于多种原因，迄今对生物种类还缺乏系统可靠的资料。目前认为世界物种为500万种–1000万种，其中只有150万种是在科学文献中有记载的。人们从这些物种中获取生活的原料已经有着悠久的历史。自新石器时代以来，人类的农业育种工作就一直把注意力集中于少数已被驯化或栽培的动植物物种。现在育种家们发现要对现有品种进行改良和提高生产潜力，其难度愈来愈大。因此除了对现有少数的物种进行育种改良外，必须发掘新的食物来源，从而又开始转向到大自然丰富的宝库中，寻找野生的物种资源。

人类利用生物物种的历史证明，我们不能预言哪一种生物将对我们有用。有些似乎最无用的物种突然变成医药、工业、农业育种和

江苏省盐城保护区的丹顶鹤

科学研究方面有用的甚至是不可代替的原料，这方面的例子在国际和国内都是很多的。例如许多原始的、分布区局限的野生植物，它们本身的产量可能是很低的，但往往却是培育抗病虫害品种的唯一来源。利用野生的近缘植物培育出的矮秆小麦和水稻品种，曾使栽培方式有了革新，并使许多地方的产量大大提高。

广西山口红树林保护区

近年来意外发现的犰狳和北极熊的科研价值，可为保护野生动物提供有力的依据。犰狳是迄今所知人类以外唯一能患上麻疯病的动物，这就为寻求治疗这种疾病的方法提供了不可估量的帮助。最近还发现北极熊的毛是罕见的高效吸热器，这一新的发现，为设计并制造御寒衣物及太阳能吸收器提供了宝贵的线索。

现在人们已知近半数的药物首先是从自然物质，特别是野生生物中发现而制成的，尤其是中国，直接应用野生生物作为医药已有几千年的历史。但世界上迄今为止，仅对不到1/10的植物进行了这方面的调查。随着科学技术的发展以及人类的需求不断提高，许多过去从未用过的野生物种，已陆续发现它们在工业、农业、医药以及军事方面的新用途。但遗憾的是由于人为干扰和自然环境的改变，许多物种正在迅速地遭到灭绝。有些物种在人类尚未深入研究它们的用途之前，甚至有的还未来得及定名就濒于灭绝或已经消失，其数量之大是极其惊人的。据一些野生生物学家统计，大约在35亿年以前，地球上开始有生物，从那以后，生物种类逐渐增多，最多时曾达1亿种－2.5亿种。其后，减少的速率逐渐加快，到现在只有500万种－1000万种了。仅以鸟类来看，从1600年－1900年的300年间，共有75种灭绝，但进入20世纪以来，每年就有一种鸟类灭绝。现在，平均每天就有一种生物从地球上绝迹，甚至加快到每小时减少一种。有人估计，如果目前的趋势得不到控制，当前生存在世界上的物种中至少有1/6将要灭绝。

自然保护区正是为了要保存这些物种及其赖以生存的生态环境，现在许多重要的动植物资源及完整的生态系统相继被发现，就是在自然保护区中调查研究出来的。特别要控制目前世界上许多物种，由于环境的变化或人为的干扰，过去曾经一度繁茂分布，现在濒临灭绝的状态。自然保护区的建立和合理的管理，将有助于这些生物的保护及其繁衍。从这个意义上说，自然保护区无疑是一个物种资源及生态系统的天然贮存库。

第三，自然保护区是科学研究的天然实验室。自然保护区里保持有完整的生态系统，丰富的物种、生物群落及其赖以生存的环境。这就为进行各种有关生态学的研究提供了良好的基地，成为设立在大自然中的天然实验室。由于自然保护区的长期性和天然性的特点，对于进行一些连续的系统的观测和研究，准确地掌握天然生态系统中物种数量的变化、分布及其活动规律，对自然环境长期演变的监测以及珍稀物种的繁殖及驯化等方面的研究，提供了特别有利的条件。

第四，自然保护区是向群众进行有关自然和自然保护宣传教育的活的自然博物馆和自然讲坛。除

浙江省南鹿列岛保护区的海藻

少数为进行科研而设置的绝对保护地域外，一般保护区都可以接纳一定数量的青少年、学生和旅游者到保护区进行参观游览。通过在保护区内精心设计的导游路线和视听工具，利用自然保护区这一天然的大课堂，增加人们的生物、地学的知识。自然保护区内通常都设有小型的展览馆，通过模型、图片、录音、录像等设施，宣传有关自然和自然保护的知识。因此，人们把自然保护区又称为活的自然博物馆。

第五，某些自然保护区可为旅游提供一定的场地。由于自然保护区保存了完好的生态系统和珍贵而稀有的动植物或地质剖面，对旅游者有很大的吸引力，特别是有些以保护天然风景为主要目的的自然保护区，更是旅游者向往之地。在不破坏自然保护区的条件下，可划出一定的地域有限制地开展旅游事业。随着人民物质生活的改善，自然保护区在这方面的潜在价值将日益明显地表现出来。

第六，自然保护区由于保护了天然植被及其组成的生态系统，对改善环境、保持水土、涵养水源、维持生态平衡方面都起到了重要的作用。特别是在河流上游、公路两侧及陡坡上划出的水源涵养林，它是自然保护区的一种特殊类型，能直接起到环境保护的作用。当然，要维持大自然的生态平衡，仅靠少数几个自然保护区是远远不够的，但它却是自然保护综合措施网络中的一个重要环节。

3.设立自然保护区的自然条件

中国面积辽阔，自然条件复杂，生物种类丰富，群落类型繁多，加上优越的社会主义制度，在建立自然保护区方面有着得天独厚的条件。

中国的地理位置处于欧亚大陆的东部，南北纵跨纬度49度多，东西横越经度60度多，总的热量条件变化趋势是自南向北递减，湿度则

南海珊瑚礁自然保护区

由西北向东南渐增，从北到南可以看到有寒温带、温带、暖温带、亚热带和热带五个不同的热量带，由东南向西北则出现湿润、半湿润，半干旱与干旱四个不同的水分生态区。

中国又有着悠久而独特的地质历史，在长期的地质历史过程中形成了多种多样的地貌类型，既有巍峨的高山和雄伟的高原，也有广阔的平原和巨大的盆地。有些具有代表性，有些具有独特性，有些则形成了美丽的自然景观，从而具有重要的保护价值。

在各个不同气候区域都有不同高度的山地存在，特别是在中国青藏高原和横断山脉地区，山高谷深，垂直变化很大，随着海拔高度的上升，水热条件也发生变化，从而形成了不同的自然垂直带。

在不同的水平地带和垂直地带里，不仅具有气候方面的差异，同时在土壤类型和动植物组成等方面也表现出明显的差别。中国虽然也受到第四纪冰期降温等的强烈影响，但由于面积辽阔和山区地形的复杂，中国南方许多地区并未被冰川覆盖，随着第四纪冰期的缓缓到来，北方的生物逐渐向南转移，高山的生物也向平原迁移，在那里它们找到了自己适宜的生活环境。特别是山地地形的局部性和多样性，

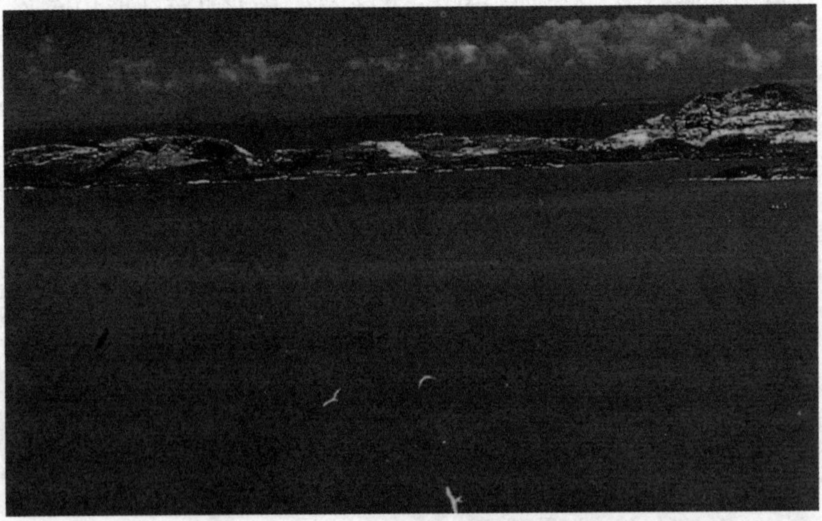

浙江省南麂列岛自然保护区

更为物种和群落的保存提供了条件优越的“避难所”。当间冰期或冰期后温暖恢复时，各个地带的生物又缓缓地接踵北上，或由低地向高海拔处迁移，在这些环境变迁和物种迁移的过程中，又分化出了许多新的生物种类，故在中国保存了极为丰富的生物种和群落类型。

现知中国高等植物有27150种，隶属于353科，3184属，其中190属为中国所特有。乔木树种达2000种之多，特别是裸子植物，全世界共有12科、71属、近800，其中中国就有11科（其中南洋杉科为引种栽培）、41属、240余种。针叶树的总种数约占世界同类植物的1/3。裸子植物中的银杏、银杉、金钱松、台湾杉、白豆杉等，都是中国特有的珍稀孑遗植物。被子植物占世界总科数的53%以上，其总种数仅次于马来西亚（约45000种）和巴西（40000种），居世界第三位。被子植物中富含古老的类群和特有的种类，如珙桐、香果树、昆栏树、连香树、鹅掌楸、水青树等。许多中外植物学家认为，中国植物最丰富的西南地区有可能是被子植物产生的摇篮和分化的中心。

在如此丰富的植物种类中，有着许多十分珍贵而稀有的树种。现已被列为国家重点保护的珍贵树种有银杉、秃杉、水杉、紫檀、降香黄檀、格木、蚬木、金丝李、铁力木、坡垒、珙桐、桫椤、红桧、香果树以及红杉、麦吊杉、黄杉、假含笑、楠木、花榈木、红椿、麻楝、金花茶、青皮、石梓等300余种。

在这些丰富的植物中，许多种类具有重要的经济用途，同时，它们的作用正在随着生产的发展和科学研究的深入而不断被人们所发现。据初步统计，中国中草药种类在5500种以上，其中中药500多种，其余的草药约5000种，在草药

北京松山自然保护区

中有一定利用规模的约200种；中国已发现的香料植物约350种，其中能够得到生产利用的约100种；油脂植物有800多种；酿酒和食用植物约300种，其中有开发价值的在100种以上；工业用植物和优良用材树在200种以上。合理保护和开发利用这些野生植物，具有重要的科研和实际意义。

中国约有兽类414种，鸟类1175种，两栖类动物196种，爬行动物315种，鱼类2000余种，分别占全世界同类动物总种数的10%左右。在这些丰富的动物种类中，有许多珍稀特产的动物资源，如大熊猫、金丝猴、白唇鹿、褐马鸡、黑颈鹤、黄腹角雉、扬子鳄等均为中国所特有；经济价值较高的鹿、麝、麂、黄羊等，种类和资源也十分丰富。根据1988年12月由国务院批准公布的《国家重点保护野生动物名录》有257种，属于国家一级保护动物的就达96种，其中大熊猫以及近年被中国科学院动物研究所的科学工作者在中国秦岭发现的朱鹮，为世界所瞩目的濒危动物；此外还有川金丝猴、黔金丝猴、滇金丝猴、羚牛、野象、野牛、野骆驼、野马、白鳍豚、丹顶鹤、白鹳、褐马鸡、扬子鳄等为其重要的代

河北省雾灵山白桦林

表。二、三级保护动物有小熊猫、羚羊、水鹿、貂熊、雪豹、灰腹角雉、红腹角雉、白冠长尾雉、双角犀鸟、藏马鸡、大鲵、小灵猫、猕猴、白鹇、天鹅、绿孔雀等161种。

中国是全世界淡水生物资源最丰富的国家之一，仅就鱼类而言就有800余种，其中半数以上是中国特有种类，有许多还具有较高的经济价值和重要的科学研究价值。例如在东北的黑龙江水系、新疆的额尔齐斯河水系生长的一些冷水性鱼类，如大麻哈鱼、哲罗鱼、细鳞鱼、黑龙江茴鱼、狗鱼、江鳕等虽非中国所特有，但具有重要的经济价值。在东北的几条河流中还有八目鳗（属于圆口纲）的3个种类在这里生活，作为一个重要的进化阶元，这具有重要的科学意义。黄河、长江中下游平原地区是现在生存着的一些淡水鱼类的起源和发育中心，除青、草、鲢、鳙、团头鲂等已驯养的养殖品种外，野生的白鲟、胭脂鱼、鲴类、铜鱼类等既是经济鱼类，也是我国的特有种类。除了鱼类以外，还有在长江中下游特有的珍稀动物白鳍豚、扬子鳄以及娃娃鱼（大鲵）等形成了本区独特的区系。在中国南方各省区也有许多特有的鱼类，如金钱鱼、鲈鲤、泉水鱼、华鲮类、结鱼类等，还有许多适应激流生活的鲱科和平鳍鳅科的鱼类，也是世界上仅有的种类。在青藏高原及其周围分布有多种特殊的裂腹鱼类，其种数占世界裂腹类的90%，形成这一地区特有的珍贵的鱼类资源。

丰富的动植物区系和复杂的自然条件，形成了多种多样的生物类型。仅以陆地生态系统而言，除赤道雨林外，几乎所有北半球的植

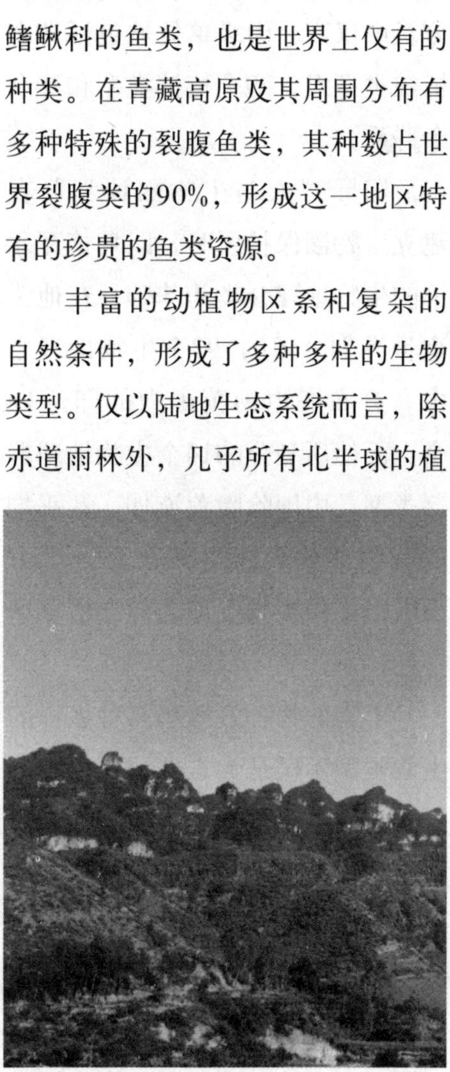

山西省历山自然保护区

被类型都有分布。森林中包括寒温带针叶林、温带落叶阔叶林、亚热带常绿阔叶林以及热带季雨林和雨林。除森林外还有灌丛、草原、荒漠、冻原和高山植被以及隐域性的草甸、沼泽和水生植被，中国植被分类中仅高、中级单位就包括10个植被类型组，29个植被类型和70余个群系。

国际“人与生物圈计划”在建立生物圈保护区时，以乌德瓦尔第的生物地理分类为基础。在他为全世界划分出的193个生物地理省中，分布在中国范围内的即达14个；而他所划分的14个生物地理群落类型，中国除暖荒漠外，几乎均能找到其代表。这又从另一个方面看出中国生物类型的复杂性和多样性。

丰富的物种资源和多种多样的生物类型不仅是大自然留给中国的珍贵遗产，也是全世界人民的宝贵财富。在这方面，我们有责任把它们很好地保存下来，以便对中国人民和全世界人民作出较大的贡献。

但是由于人口的增长和对自然资源不合理的开发利用，许多原始的森林遭到破坏，不少动植物品种和植被类型已遭绝灭，或处于濒危状态，自然环境恶化，许多罕见的天然风景区受到威胁，许多珍贵的具有重大科学价值的地质剖面和化石产地也未能加以保护。

特别需要指出的是我们对大自然留给我们的丰富遗产的研究是很不充分的。就已研究的比较充分的种子植物来说，据有人估计，至少还有4000种～5000种以上有待记载和定名；在3万种种子植物中，已知其有各种用途的约有6000种，做过一定研究工作的只有2000多种，经过研究确定其利用价值的约有1800种，至于其余一些种类更为庞大，且个体较小的生物类群如昆虫、微生物等，我们了解的就更少了。

由此可见，在全国范围内积极而有步骤地建立自然保护区，并进行合理的保护和管理是何等的重要。

二、自然保护区的历史回顾

中国是有着几千年悠久历史的文明古国，历代封建王朝的盛衰，

天津中上元古界自然保护区

对于中国的大好河山及其自然资源都有着极为深刻的影响。综观中国资源开发利用的历史，漫长的封建制度破坏了自然资源，给我们留下了许多灾难深重的大包袱。但与此同时，劳动人民用自己的智慧和创造力，又给我们留下了许多珍贵的文化遗产。早在古代，中国的有识之士就对破坏自然产生的后果有所觉察，并著书立说，大声疾呼，提出了许多有关自然保护的深刻思想和观点。历代王朝也曾通过各种形式建立过各种类型的封禁地区，这些实际上已经是自然保护区的前身和雏形。

1.早期的自然保护思想

早在公元前21世纪（距今约4000年）中国原始社会向奴隶社会过渡的时期，已有对自然保护工作的记载。

到了公元前11世纪～前7世纪的西周时期，中国的奴隶社会得到高度发展，农业生产随之兴旺发达起来，对于自然资源也开始进行考察和规划。《禹贡》中有“禹敷土，随山梨木，奠高山大川……划九州，从山脉，导九川，定土类、田赋；记物产、草木和物候……”反映出我国当时在自然资源保护与管理方面已有相当的水平。

河北省雾灵山针叶林

奴隶社会崩溃进入封建社会后，随着生产的发展，科学技术也出现许多新成就。不同阶级思想的代表从各自的阶级利益出发，对当时的社会变革、科学技术、生产的发展，发表了不同的主张，出现了“诸子百家争鸣”的局面。很多著作记录了不少科学原理，对中国科学事业的发展起了显著的推动作用。其中儒家的代表荀子（荀况）认为，自然界的变化都有一定的规律，人能够掌握这些规律，并能征服自然，应该利用和保护自然为人类服务。他在《荀子》一书中就认为，保护自然是管理者的职责，处理得好“则万物皆得其宜，六畜皆得其长，群生皆得其命”。

西汉初年的《淮南子》一书，有关于动植物资源保护的专门记述。在致内容是：王法规定打猎只能按季节进行，不到10月，不准在野外和山林摆放和放置捕捉野兽的器具。不到5月，不准把捕捉飞鸟的罗网在山谷和水畔张开。

明代对于自然资源的保护和利用的论述逐渐增多，特别是对野生动植物资源的研究有着许多文献记录。最值得一提的是著名的药物学家李时珍（1518～1593），他用了27年的时间，足迹踏遍中国长江流域和黄河流域，亲自深入到民间走访，并采集药物标本，参考800多种书籍，写成了药物巨著《本草纲目》。全书详细记录了1800余种药物的生态生物学特征及用途。这是中国历史上第一次对野生药用植物的普查，对于自然资源的合理利用及其保护都有重要意义。

明朝马文升记述了中国当时对自然资源的保护情况，他在《为禁伐边山林木以资保障事疏》中记载：成化年间（1465～1487）以前“……自偏关、雁门、紫荆，历居庸、潮河川、喜峰口，直至山海关一带，延袤数千余里，山势高险，林木茂密，人马不通”。说明15世纪下半叶，恒山、五台山、太行山北端、西山、军都山、燕山等地都禁止砍伐树木，才形成茂密的森林。

清代在中国北方设立过一些苑、圃和围场，常筑以围墙，禁止百姓进入，有的还设有专人看管，专供皇家射猎。现在河北省的围场满族蒙古族自治县就有104000平方千米的土地曾被划作清朝皇家狩猎和习武的场地，直至1820年才被开垦。据《日下旧闻录》卷三记载，北京城南的南苑当时称为南海子，在元、明时代面积约50平方千米，也是一处供狩猎用的围场，直至清王朝仍然十分重视绿化这个地区，并放养各种鹿、兔、马、驴等动物，使之呈半野生状态，专供帝王狩猎之用。值得一提的是，在清朝

河北省雾灵山五花草甸

辽宁省大连斑海豹保护区

末年这里曾保存了中国珍奇的特产动物麋鹿（四不像）约120头，后因连年战祸，这种珍稀动物便从它的故乡流失了。直到1985年8月24日，英国乌邦寺公园塔维斯托克侯爵赠送20头麋鹿于此，才重建了麋鹿自然种群。

特别要提出的是，中国历代劳动人民在其长期的生产和生活实践中，深刻地认识到设立封禁地域在保护环境方面的重要性，自发地设立了一些不准樵采的地域，并制定了一些乡规民约来对这些地方进行保护和管理。如山区村庄的“前门山”和“后门山”都是禁止人畜随意进入的。其实质则是在于保护具有水源涵养和水土保持意义的森林。还有许多所谓的“风水林”“神木”“神山”“龙山”等说法，都是为禁止干扰和破坏山林而确定的封禁地域。尽管这些乡规民约往往在不同程度上带有封建迷信的色彩，但在客观上都起到了保护自然的作用，有些已具有自然保护区的雏形。中国内蒙古白音敖包沙地上的云杉林，就是因蒙古族人民将其视为“神木”保护留存至今的。云南西双版纳有许多原始森林也是当地少数民族作为“龙山”加以保护，才能延续到现在。还有劳动人民在长期的农业生产实践中所创造的一些耕作制度和耕作方式，对于防止水土流失、保护自然资源都起到了积极作用。其中最为成功的范例便是丘陵地区和山区的梯田耕作，至今仍为山区农业生产中持续利用自然资源并保持其生态环境的成功范例。

综观中国自奴隶社会直至新中国成立前夕近4000年的历史，尽管有着许多对于自然资源合理利用及保护的思想观点，有些甚至已孕育了自然保护区的雏形，但终究受到社会制度和科学发展水平的限制，这些反映了客观规律的先进思想及合理的法令得不到真正实现。

2.第一批自然保护区的诞生

新中国成立后在自然资源的开发利用方面取得了不少成绩，同时在资源和环境的保护方面也采取了一些措施。早在1950年，中国林业部就颁布了以护林为主的林业工作方针，特别是封山育林的贯彻执行，使自然保护工作首先在林业方面开展起来，为自然保护区事业的发展打下了基础。但与此同时，由于人口的增长和自然资源的需要量日益加大，加之不合理地开发利用，自然资源和环境保护方面也出现了不少问题。例如在土地资源方面，主要是在南方不合理地开垦红壤丘陵与西南山地的毁林开荒；在北方不合理地开垦黄土与沙漠边缘地区，造成水土流失与风沙再起；草场不合理开垦和过度放牧，造成草场破坏与载畜量减退；基本建设过多地占用土地，造成肥沃耕地数量缩减。在生物资源方面，主要是不合理地采伐与采集、过度捕猎，造成森林与动植物资源的不断减少。在水产水利资源方面，主要是不合理捕捞与水域污染，严重地损害了水产资源。

正是在这样的背景下，1956年全国人民代表大会第三次会议上，许多著名的科学家对在中国建立自

仙人洞保护区的金雕

黑龙江省白石砬子自然保护区

然保护区的必要性和迫切性进行了深入的论证，提出了关于“请政府在全国各省（区）划定天然森林禁伐区，保护自然植被以供科学研究的需要”的提案。同年10月，林业部第七次全国林业会议上又批准了《天然森林禁伐区（自然保护区）划定草案》和《狩猎管理办法（草案）》。这两个草案明确指出：“有必要根据森林、草原分布的地带性，在各地天然林和草原内划定禁伐区（自然保护区），以保存各地带自然动植物的原生状态，为研究自然科学建立实验基地，扩大爱国主义教育的积极作用，并为中国丰富的动植物种类的保护、繁殖及扩大利用创造有利条件。”草案还指出：“有些地区保存着世界罕见的和有经济价值的动植物，如川滇区的大熊猫、金丝猴、水杉，东北林区的虎、猞猁、驯鹿、驼鹿和紫貂等，目前均已保存不多，极为珍贵，更应结合禁猎区的划分，划出禁猎禁伐区……”这些具体的规定，对我国自然保护区的建立起了重要的推动作用。

1956年在广东省肇庆市建立了以保护南亚热带季雨林为主的中国第一个自然保护区——鼎湖山自然保护区。

1957年又在福建省建瓯市建立了以保护中亚热带常绿阔叶林为主的万木林自然保护区。此后，于1958年在动植物最丰富的云南省西双版纳建立了小勐养、勐仑和勐腊三个自然保护区，对热带雨林、季雨林生态系统以及珍稀动物野象、野牛、犀鸟等进行保护。与此同时，东北地区的黑龙江省伊春市建立了以保护珍贵植物红松树林为主的丰林自然保护区。1961年分别在吉林省建立了以保护温带生态系统为主的长白山自然保护区，在广西壮族自治区龙胜各族自治县与临桂县的交界地区，建立了以保护珍稀孑遗植物银杉为主的花坪自然保护区等。

辽宁省医巫闾山自然保护区

截至1965年为止，中国正式建立自然保护区共19处，面积为6488.74平方千米。与世界上一些自然保护事业发达的国家相比，我们是落后的，但我们毕竟从无到有，为自然保护事业的进一步发展奠定了基础。

3.自然保护区事业的蓬勃发展

1976年后，自然保护事业经一度停顿后又获得了新生。这一方面是由于国家对自然保护工作的重视，颁布了一系列法令和政策，召开了一系列会议，采取了不少措施，促进了自然保护事业的发展；而另一方面，随着人口的增长和自然资源的破坏，自然资源的有限性、物种消失的不可恢复性以及自然资源与周围环境的相互联系性，愈来愈为理论和现实所证明。加上人民物质生活的提高，对精神生活和旅游事业的需要日益增长，建立自然保护区的重要意义愈来愈为广大人民群众所接受。同时，国际上自然保护区事业在全球规模的开展以及保护区建设理论和方法的不断完善，也给中国自然保护区建设带来重要的影响，从而使中国自然保护事业进入了一个蓬勃发展的崭新阶段。

1982年8月由中国林业部和国家人与生物圈委员会主持召开了全国自然保护区学术讨论会，会议收到大量学术论文及介绍国际自然保护事业动态的文章，体现出中国自然保护事业的发展已逐渐走上正轨，并正在建立我们自己的研究体系。1982年12月4日中华人民共和国第五届全国人民代表大会第五次会议通过的《中华人民共和国宪法》，对自然保护作了明确的规定。宪法第九条规定："……国家保障自然资源的合理利用，保护珍贵的动物和植物。禁止任何组织或个人用任何手段侵占或者破坏自然资源。"宪法中这一条文把中国自然保护事业的重要性提到了应有的高度，比中国历届宪法更为明确和重视自然保护区的工作。

自20世纪70年代以来，世界各国对自然保护区建设的关注，对中国有着深刻的影响。特别是联合国教科文组织的"人与生物圈"计划，在它的14个研究领域的第八项便是"自然区域及其所含遗传物质的保护"，其中心任务就是在全世界范围内建立生物圈保护区网。中国的长白山自然保护区、鼎湖山自然保护区及卧龙自然保护区也被批准为国际生物圈保护区。这对中国自然保护区事业的发展起了促进作用。这一时期的特点表现为保护区的数量和类型不断丰富，保护区的分布和布局也渐趋完善。如过去没有自然保护区的新疆维吾尔自治区，自1980年成立第一个自然保护区以来，共建立各种类型的自然保护区35个；宁夏回族自治区也新建了13个自然保护区。这些保护区的建立，填补了中国半干旱和干旱地区自然保护区的空白。又如素有"世界屋脊"之称的西藏自治区，长期以来由于缺乏系统的考察研究，许多珍贵而独特的自然生态系统不为人们所了解，通过近几年来的科学考察，发现那里有独特的自然环境，罕见而丰富的动植物区系和生物群落。由于西藏交通不便，许多地区尚未受到人类的干扰，大

牡丹峰的云杉林

自然为我们保存了一个丰富而奇特的自然博物馆。西藏现已建立17个自然保护区，对研究青藏高原隆起的历史、动植物的起源和迁移的过程以及高原条件对生物生长发育的影响，都有着特别重要的意义。

最近几十年，我国自然保护区的数量发展迅猛。据统计，到2007年底，我国共有各类自然保护区2531个，遍布全国各省区。除此之外，我国还有世界文化遗产35处，国家级风景名胜区187个，国家森林公园660个，国家地质公园138个。这些国家重点保护的区域，生态系统保存相对完好，生物多样性丰富、植被和地貌景观多样。

4.中国自然保护区的类型

在已建成的这些自然保护区中，包含着各种不同的类型，按保护区保护对象及保护目的的不同，大致可分为如下7类。

（1）以保护完整的综合自然生态系统为目的的自然保护区。如吉林省的长白山自然保护区，以保护温带山地生态系统及自然景观为主；陕西省的太白山自然保护区，保护中国典型的暖温带生态系统；福建省的武夷山自然保护区，以保护亚热带生态系统为主；云南省的西双版纳自然保护区，主要保护热带自然生态系统。

（2）以保护某些珍贵动物资源为主的自然保护区。如黑龙江省的七星砬子自然保护区，以保护珍稀濒危动物东北虎为主；四川省的卧龙和王朗等自然保护区，以保护珍稀动物大熊猫为主；四川省的铁布自然保护区，以保护稀有动物梅花鹿为主等。

（3）以保护湿地和湖泊珍禽为目的的自然保护区。如黑龙江省的扎龙、吉林省的向海、江苏省的盐城、江西省的鄱阳湖、贵州省的草海、青海省的鸟岛等自然保护区，均以保护珍稀水禽丹顶鹤、天鹅、黑颈鹤等为主。

（4）以保护珍稀孑遗植物及特有植被类型为目的的自然保护区。如广西的花坪自然保护区，以保护具有珍贵化石植物银杉为主的亚热带常绿阔叶林为主；黑龙江省的丰林及凉水自然保护区，主要保护珍贵的红松母树林；甘肃的昌岭山、寿禄山等自然保护区，主要保护青海云杉；福建省的万木林自然保护区，主要保护中亚热带常绿阔叶林。

（5）以保护自然景观为主的自然保护区和国家公园。如四川省的九寨沟、缙云山自然保护区；黑龙江省的镜泊湖自然保护区；江西省的庐山自然保护区及台湾地区的垦丁国家公园等。

（6）以保护特有的地质剖面火山遗迹及特殊的地貌景观为主的自然保护区。主要有黑龙江的五大连池自然保护区，以保护近期火山

台湾自然保护区

浙江省南麂列岛景观

喷发形成的火山遗迹和自然景观为主；台湾地区的太鲁阁保护区，保护珍贵的大理石峡谷；山东省的山旺化石自然保护区，保护重要的化石产地；四川省的黄龙自然保护区，保护特异风光的石灰华；以及天津的蓟县地质剖面自然保护区等。

（7）以保护沿海自然资源及自然环境为主要目的的自然保护区。主要有台湾地区的淡水河口保护区、关渡自然公园、广东省的内伶仃岛—福田、广西壮族自治区的山口，福建省的龙海以及海南省的东寨港和清澜港等自然保护区，均为保护海涂上特有的红树林自然保护区。

这种分类方法具有一定的相对性，实际上，大部分自然保护区都具有多方面的属性。例如，卧龙自然保护区虽以保护大熊猫为主，但它茂密的森林及其他珍贵动物也在保护之列，是一个完整的生态系统。

第二章 山西省的自然保护区

◉ ◉ ◉ ◉ ◉ ◉ ◉ ◉ ◉ ◉ ◉ ◉

一、庞泉沟自然保护区

1.保护区简介

庞泉沟国家级自然保护区位于山西省交城县西北部、方山县东北部，地处吕梁山的中段，最低的沟底海拔1500米，主峰孝文山海拔2831米。这里原为山西省关帝山森林经营局孝文山林场和阳圪台林场的一部分，1980年12月建立庞泉沟自然保护区，1986年晋升为国家级自然保护区，面积为104.44平方千

庞泉沟自然保护区

庞泉沟自然保护区景观

米，主要进行科学实验、考察、教学实习和培育珍稀动物等工作，并划出一定范围开展森林旅游。区内的自然景观丰富，人文景观奇特。这里山青水碧，森林茂密，苍松翠柏，芳草如茵，幽谷峡壑，奇花异石，林海茫茫，云雾缥缈，流泉飞瀑，红日紫岚，珠联璧合，奇景成天，集雄、险、奇、峻、美于一体。山涧溪水潺潺，林中珍禽异兽栖息，是黄土高原上的一片绿洲，野生动物的乐园，花卉的海洋，被誉为世界珍禽褐马鸡的故乡，华北落叶松的原生地，黄土高原上的“绿色明珠”。

保护区内植物资源丰富，森林保存完好，有林地面积77.09平方千米，占总面积的73.8%，灌木林地面积11.66平方千米，占总面积的11.2%。森林依建群种大致可分为五种类型。华北落叶松天然次生林纯林分布于核心区、八水沟、神尾庙等地带，伴生着云杉、白桦、山杨、油松、辽东栎、红桦等树种；云杉林多分布于八水沟、西塔沟、大背等地；油松林主要分布于阳圪台实验区；杨、桦阔叶林是构成阳坡、山脊线附近和半阴半阳山坡森林植被的主要成分；辽东栎林主要分布于向阳山坡。

庞泉沟国家级自然保护区是珍禽褐马鸡的主要产地和山西山地森林鸟类的重要栖息地。褐马鸡为我国特产，仅分布于山西北部和西北部、河北西北部、北京西部和陕西东北部，野外总数仅有5000只左右。在我国《国家重点保护野生动物名录》中被列为一级保护动物；在《中国濒危动物红皮书 · 鸟类》中被列为濒危种。庞泉沟是褐马鸡的主要栖息地之一。

2. 褐马鸡

褐马鸡是中国的一种古代鸟，已经有300万年的生活史了。它的栖息地很少，只生长在中国华北的山西省和河北省。由于它繁殖率很低，所以，其数量非常少，而且，由于它的栖息地遭到破坏，又遭受偷猎，其数量更是不断地减少。现在，在山西省的两个自然保护区里，只剩下1000多只褐马鸡了。这个数量，比世界上最稀有的动物大熊猫的数量，稍多一点。因此，它被认为是现在世界上最稀有的鸟类之一，已被列入了国际濒危野生动植物禁止贸易公约，也是中国国家重点保护的一类动物。为了保护和繁殖这种世界稀有的珍贵鸟类并保护其栖息地，1980年建立了这个保护区。

褐马鸡成体高约60厘米，体长0.8米～1米，体重1.4千克～2.5千克，全身呈浓褐色，头和颈为灰黑色，头顶有似冠状的绒黑短羽，脸和两颊裸露无羽，呈艳红色，头侧连目有一对白色的角状羽簇伸出头后，宛如一块洁白的小围嘴。褐马鸡最爱炫耀的是它那引人瞩目的尾羽。但是它的翅膀很短，不能飞翔，只能从山顶滑行到山脚下。它的腿粗壮有力，所以跑得很快。

褐马鸡善良温顺，从不主动向其他动物和人进攻。但是，在对付其天敌和入侵者的时候，它却是勇敢善战的斗士。遇到天敌，例如狐狸、豹猫和秃鹫，公褐马鸡就啭啭鸣叫，通知其伙伴，并与侵犯者战斗，保护其繁殖地。无论何时，特别是在繁殖季节里，如果发现入侵者，它就与之斗争。在战斗中，它从不后退，即使已经精疲力竭，或者被啄被抓得遍体鳞伤，它也坚持战斗，显示它的力量和勇气。因此，这种鸟被认为是一往无前、不屈不挠精神的象征。据说，古代中

庞泉沟自然保护区的褐马鸡

国的勇士们，将这种鸡的羽毛佩戴在他们的头盔上，以鼓舞斗志。

褐马鸡白天在灌木中到处悠闲地游荡，夜间栖息在高高的云杉树或松树上，云杉林或者松树林，都是它喜爱的栖息地。过去它们见到人就立即跑开。现在，它们已经习惯于见到游人后，不顾游人的观望，旁若无人、逍遥自在地走动着。在保护区里，饲养员每天给褐马鸡喂一些补充食物。听到饲养员的叫声，一群褐马鸡会就立即来到饲养员跟前，围着饲养员，等待食物。吃完以后，它们在饲养员周围走来走去，态度友善，似乎表示亲切和感激。

褐马鸡不挑剔食物，吃的食物种类较多，包括多种植物的根、茎、花和果实，也吃蚂蚁的卵和一些昆虫的幼虫。

褐马鸡在4月～5月之间进行交配。交配之前，公褐马鸡会为争夺一只母褐马鸡而与情敌进行拼死的战斗，获胜者在母褐马鸡周围唱着求爱歌，翩翩起舞。然后，它们进行交配。接着，它们生活在一起，在山坡上占领一块地方，作为它们的繁殖地，与其他褐马鸡分离开来。这对褐马鸡共同承担筑巢的任务。在一两天之内，在茂盛的森林深处一块非常隐蔽的地方筑起窝巢。每年5月，母褐马鸡一窝下4个～20个蛋，并负责日夜孵蛋，除了每天离开窝巢半小时出去寻找食物以外，其他时间，它都在孵蛋。经过26天～27天，或更长时间，小褐马鸡就能孵化出来了。孵化出来的小鸡，在出生后的第一个月内以松树下面的蚂蚁卵为食。出生后第二天，小鸡就能随其父母到处走动。褐马鸡父母会共同照料它们的小鸡，为饲养小鸡而到处奔忙，直到秋季小鸡能够独立生活。

褐马鸡在爱情上是坚贞不渝的。当一方死亡以后，活着的一方永不另择配偶。如果一方被天敌杀害了，存活的一方就明显的情绪消沉，十分悲哀，整天闷闷不乐，到处游荡，寻找已经死去的配偶，而且，终身独居，并不再寻找新的配偶。

为保护和繁殖这种已经处于绝种边缘的珍稀鸟类，这个保护区自建立以来，一直进行人工饲养褐马鸡，当然也经历了许多困难。在人工饲养的初期，圈养的成年褐马鸡拒绝吃食和饮水，还自己在铁丝网上碰撞，甚至严重受伤。以后，工作人员改变了人工饲养的方式，将褐马鸡的蛋从野外捡回来，由家养母鸡在饲养场里孵化，将由家养母鸡孵化出来的小褐马鸡与从野外捕捉回来的褐马鸡小鸡放在一起，由饲养员对它们进行饲养和驯化。数月之后，经过人工驯养的小褐马鸡开始表现出一些驯化了的特征。例如，跟随着饲养员，而且，当饲养场大门敞开的时候，小褐马鸡也不从饲养场里逃跑了。在喂给从野外收集来的天然饲料的同时，也试喂人工饲料。现在，这些褐马鸡已经接受了人工饲料。一代接着一代，人工饲养的褐马鸡已经成长起来了，创造了更大的褐马鸡种群。

保护区里，古树参天，巨树成林。有些松树、榆树、冷杉和杨树树龄长达100多年或200多年，高达25米～30米，直径达1米左右。有些树干，十分粗大，需要3人～4人手拉着手，才能将树干围起来。

有些树木奇形怪状，成为这个保护区独特的景象。有一棵巨大的云杉树与一棵较小的云杉树，树干长在了一起，从远处观看，似乎是一棵大树，但近看，两个树冠却相互分离。因此，人们将这棵云杉树叫作连理云杉。在另外一个地方，有一棵松树和一棵杨树的树干，在离地面四米处合二而一，人们称其为松抱杨。还有两棵山杨树与一棵落叶松的树干，长在了一起，似乎两棵山杨树紧紧拥抱着一棵落叶松，人们称之为杨抱松。这些奇特的树木，是由风倒树形成的。被风刮倒的树木，主根露在地面上，然后，流动的雨水将它们的主根冲到了一起，大风又将它们的树干刮到了一起，使它们最终融合在一起了。这些风雨冲击，发生在50多年以前。因此，这些奇形怪状的树木，是在50多年前形成的，都已生长50多年了。

从早春到夏季，保护区里野花到处盛开。小山旁、小路旁、大路旁和河流两岸，野花密布。山间的田野里，鲜花遍地，色彩纷呈。鲜红的山丹丹花，开得正旺，似乎对长期的冬眠已经不耐烦了。紫色的山丁香花，粉红色的野玫瑰花，黄色的黄刺玫，蓝色的勿忘我，粉红色的山杏花，蓝色和红色的野菊花，使这里的景观靓丽起来，空气中洋溢着野花的香气。巍峨的山峰、茂密的森林和野花繁茂的山间田野，层次分明，互相衬托，交映生辉，景色旖旎。

春季和夏季，是旅游高峰期，9月～10月，保护区里的阔叶林变为秋色。小山旁和向阳的山坡上，都展现出黄色、红色和橘红色，其间则会点缀着常青树的深绿色。秋季也是保护区最迷人的时候。秋季是果实累累的季节，野草莓、鹅莓、榛子和沙棘，都已成熟，等待着人们的采摘。

各种药草和各种可供食用的珍菌，也在这里茁壮成长。

3．最吸引人的景色

一座30米高的瞭望塔，屹立在山顶上，站在这座瞭望塔上俯瞰周围，山峦重叠，郁郁葱葱，此起彼伏，一望无际。山顶的各种形状，展示着不同的形象，任人浮想联翩，引申出不同的名称。睡仙女、卧牛坪、笔架山等，形象逼真，如雕如塑。

雄狮夕照：这里巨石嶙峋，形象各异。其中一块巨石，颇像一只雄狮，凝视着落日。在阳光的照耀下，栩栩如生，故名雄狮夕照。

翁孙守林：一座悬崖上，两块岩石相依而立。较大的那一块岩石，很像老祖父，旁边较小的那块岩石，颇像小孙儿。其形象酷似祖孙两人，并肩而立，守卫着森林。

一线天：两座山峰对峙，高达数十米，其间一条狭窄的缝隙，只有1/3米宽。站在崖底，透过缝隙仰望天空，可见一线蓝天。幽谷罅隙，阴暗神奇，一线之光，可贵可喜。

情人石：一座山上，两块巨石相依而立。那块大岩石，很像一个年轻小伙子；而较小的那块岩石，形似一个年轻姑娘。似乎他们互相凝视，走近对方，亲亲密密，似将拥抱。

仙人洞：一个山洞，位于海拔2500多米高的一座山上，高1.5米，宽1.2米，深6米。这里山峰险峻，林茂荫浓，荒无人烟，人迹罕至，颇似仙境。所以，人们称之为仙人洞。

龙洞：是一座天然岩洞，位于离地面18米高的山上，高3米，宽2

米，延伸长15米。当地人在这里供奉龙神爷，由此得名。

野猪岭、豹子头、石牛守山、石骆驼、石猴、石龙头和其他许多有趣的岩石，也都形象逼真，活灵活现。

几条河流发源于此，不仅给这个保护区提供水源，而且给周围的农田供水。一股大水落到一个岩嘴上，形成倾泻的瀑布，奔腾而下，跌入岩下深绿的池中，涌起飞溅的水花，升起闪闪的水雾。

早晨，云雾笼罩着这里的山峰，旭日从云雾上冉冉升起，将山顶的云雾染成玫瑰色，似乎太阳从云上升起。云霞缥缈，景色奇特。

绿色长廊：是保护区里最吸引人的景色之一，其自然美景无与伦比。苍松翠柏，树木花草，一片葱茏，绿意盎然，宁静幽寂，恰似世外桃源。绿色长廊位于一条峡谷里。从大沙沟到木后沟，曲径通幽，在浓荫翠盖之间，延伸2千米。路旁的森林茂密壮丽，遮天蔽

森林繁茂 碧草依依

日，绿荫深邃。沿着这条长廊漫步游览，可欣赏狭长的全景和苍翠的植物，呼吸纯净清新、花香弥漫的空气，听到鸟的歌声，享受森林深处的天然奇景。寻幽探险之感，油然而生。

保护区里的一座展览馆，展示着保护区的动植物标本，提供了关于这个保护区的各种资料。

一座大饭店和许多小旅馆，为游人提供在这里住宿过夜的设施。饭店旁边，有一座餐厅，在这里可以品尝当地的各种食物。在这里，还可以钓鱼、骑马、滑雪、滑冰和步行漫游。由于这里的景色极其美好，来此游览，不仅交通方便，还有食宿设备，所以，这个保护区已成为中国北部人们喜爱的旅游胜地之一。

庞泉沟自然保护区，已成为褐马鸡这种濒危鸟至关重要的庇护地。保护褐马鸡及其栖息地，是这里头等重要的大事。关于褐马鸡的生活习性、它与其生态环境的关系、繁殖和饲养的方式以及保证扩大褐马鸡种群的研究项目，都正在进行之中。

二、芦芽山自然保护区

芦芽山自然保护区位于山西省宁武县西南部，地处吕梁山系北端，是管涔山的主峰，海拔2772米。因山势奇特险峻，状如初生芦芽而得名。山体绿树披装，森林郁郁葱葱，素有华北落叶松、云杉的故乡的美誉。这里水丰草茂，山陡沟深，树灌荫翳。1988年在这里建立了芦芽山自然保护区，面积为214.5平方千米。

芦芽山有五个植被带。海拔1100米～1300米为水域河漫滩带，仅有杨、柳、榆等少量树木；海拔1300米～1600米为低山，植被以油松、杨、桦、沙棘、黄刺玫、绣线菊等为主；海拔1600米～2000米为中山带，主要植被为云杉、油松、辽东栎、沙棘、山杨、山柳、黄刺玫等；海拔2000米～2600米为山地针叶林带，主要植被有云杉、落叶松、沙棘、黄刺玫、山刺玫等；海拔2600米～2772米为山顶带，主要植被为鬼见愁、高山绣线菊、金露梅灌丛和以禾本科及莎草科为主的低草草甸。河漫滩包括汾河及其支

芦芽山自然保护区风景

流水域地段，两岸为耕作区。低山带有一定的山丘耕地及前山岩坡。中山带为山地森林灌丛景观。高中山带为山地针叶林景观。山顶带为亚高山草甸，环境单纯，植被低矮，隐蔽条件较差。

芦芽山是珍禽褐马鸡的主要产地和山西山地森林鸟类的重要栖息地，1980年时野外褐马鸡总数就达1000只左右。其他珍贵、濒危鸟类还有国家一级保护动物黑鹳、金雕；国家二级保护动物鸳鸯、鸢、草原雕、乌雕、苍鹰、雀鹰、白尾鹞、游隼、猎隼、红脚隼、燕隼、灰背隼、红隼、小杓鹬等。

常见的鸟类有斑嘴鸭、岩鸽、蓝翡翠、金腰燕、棕眉山岩鹨、赤颈鸫、红喉、鸲姬、黄腰柳莺、黄眉柳莺、褐头山雀、麻雀、喜鹊、红嘴山鸦、寒鸦等。

第三章 内蒙古自治区的自然保护区

白音敖包自然保护区

1. 最珍贵的红皮云杉林

白音敖包自然保护区，位于内蒙古赤峰市西北部沙漠边沿半干旱草地上。它是中国最有吸引力和最偏远的自然保护区之一。这个保护区，因其具有67.39平方千米茂密的红皮云杉林而最驰名。这片红皮云杉纯林非常罕见。自从1979年保护区建立以来，这片珍稀的森林就受到国家的保护，而且受到特别的照顾。

“白音敖包”是蒙古语，意思是“一座肥沃而美丽的山峰”。这里因为有一座森林密布、十分美丽的山峰而得名。

红皮云杉是一种常绿的针叶树，是这里云杉树的一种。它具有繁茂的枝叶、尖塔形美丽的树冠和通直的树干。这种树能生产纹理直、较轻软、结构细的木材。在世界上40种云杉中，红皮云杉主要生长在中国的黑龙江省、内蒙古和俄国西伯利亚的东部，而且，由于它是沙漠里的一种奇迹树种，所以，也是世界上的稀有树种。它耐沙漠高温干旱，耐贫瘠土壤和严寒的气候，能高度适应恶劣的沙漠条件。它有高度发达而且十分有力的侧根根系，能在很浅的地面下向树的周围伸展30多米。其伸展的范围，超过了其树冠的范围和树干的长度。当风沙危害其生长时，这些根系能够保证其沙漠上岿然不动。这种树天然更新力很强，每年在其周围每平方米的范围内，能生长出40株幼树，而且，这些幼树能在10年后结籽。由于它在固沙方面功能极好，也由于它木材珍贵，所以，当地人称这些森林为“神林”，自古以来，就被当作极为神圣、不可侵犯的森林，给予良好的保护，使其至今依然完好。

根据记载，数百年前甚至数十年前，在蒙古高原上的这片地区及其邻近的地区，曾经有过更为辽阔的红皮云杉林，其面积比现在的面积大约大10倍。但是，其周围的大部分森林，都已在森林火灾、人为的破坏和害虫的危害中消失了，只留下现在这些残存的森林。这些森林，大部分都是中龄林，虽然其中也有稀疏的老龄林。1954年，这里曾有过树龄408年，高达25米，基部直径1.4米的红皮云杉。但是，现在都看不到了。

漫山的云杉

大多数其他的树木不能在这种沙漠草原地区存活，只有红皮云杉能适应这里的生态环境，并且形成纯林。在其纯林中，只有白桦、黄柳和白榆等很少的其他树星星点点地与占压倒性优势的红皮云杉树混合生长。

一些稀疏的灌木，主要是圆叶桦、柴桦和矮柳树等，分散在林地上，同时，阴凉的山坡上也覆盖着低矮灌丛。

林地上和森林周围的沙地上，早熟禾、羊草、冰草、苔草和野苜蓿等草原草本植物茂盛葱茏。虽然生长低矮，但却像密实的地毯，紧紧地粘在沙壤上，成为极好的饲料草。阴暗潮湿的林地上覆盖着苔藓，说明这里的红皮云杉林以暗针

美丽的天鹅

叶林为特征，赤芍、兴安柴胡、地榆和野百合等许多药草在这里茁壮成长；黄花菜、草莓和山荆子等多种可供食用的野果和野菜，也在这里生长繁茂；各种蘑菇星罗棋布。

这些茂盛的植物哺育着大量的野生动物，最常见和数量最多的动物，有鼬鼠、田鼠、大山雀、黑琴鸡、鹧鸪、大斑啄木鸟、椋鸟和猫头鹰。许多周围环绕着草地和灌木的池塘和一些草原湿地，吸引着大量的水禽。野雁、野鸭和蓑羽鹤、白鹳及黑鹳（是受国家重点保护的一类鸟）、大天鹅和小天鹅（是受国家重点保护的二类鸟），都在春季和秋季的迁徙期里来到这里。鹅喉羚和狍子，也在这里的草地上和森林里游荡。

红皮云杉林虽然树种结构简单，但却具有很大的生态、经济和科学价值：

在生态方面，内蒙古高原是中国北部一个半干旱和干旱的内陆区。它是海拔700米～1400米之间一块平坦的高地，具有典型的大陆气候、较少的降雨量和很薄的沙壤层。一般来说，这里的自然条件很适合作为天然牧场，但不利于森林的生长。然而，十分奇怪和十分幸运的是，这里的森林和其他植被都像沙漠绿洲一样，牢牢地固定着这里半干旱草原地区的沙漠。因此，它们最为珍贵，在固沙和防止土壤沙化方面，起着非常重要的作用。沙漠化已经湮没了中国北部33.4万平方千米的土地，而且每年还扩大2460平方千米，使沙漠化地区遭受到严重的生态灾难。这种生态灾难已危害到12个省级行政区，212个县级行政区，现在威胁着大约4亿人民的生活。沙漠化了的土地，已经占中国领土总面积的27.3%。白音敖包的森林为保护和改良沙漠生态环境、防止自然灾害提供了一个很理想的样板，也是一个极好的范例。这里的森林，也是多种野生动物，特别是一些珍稀的野生动物的庇护地。

在经济方面，这里茂盛的野草，可为家畜提供极好的饲料，促进畜牧业的发展。

美丽的红皮云杉，也是城市绿化和美化很好的树种。

内蒙古白音敖包自然保护区风光

在科学方面，这些红皮云杉林独特的地理位置和特殊的生物特性，构成了一个极好的科学研究基地。

在社会方面，这里四季常青、苍翠蓊郁的森林，给这个保护区增添了四季常存的自然美景。辽阔的美景吸引着游人。鸟的歌声和来来去去的野生动物，能使游人产生寻幽探险之感，也为游人欣赏这片遥远的草原森林之美提供了机会。对白音敖包自然保护区的经营管理，也是为了保持这片自然环境未受改变的旷野永远静谧。这里一望无际的草原，恬静幽深，清爽宜人，似乎是一个草原世界。这片草原上，覆盖着数十种野草和茂密的针叶林，绿草如茵，树木葱茏。阴凉的林地上，布满了茂密的蕨类植物。从6月开始，这里生机勃勃，绿意盎然。各种野花，在翠绿的草地上展现出靓丽的色彩。大量金色、黄色、粉红色和鲜红色的花朵，将这片草原装饰得色彩缤纷。在温暖的季节里，风和日丽，草原玫瑰盛开的花朵，艳丽迷人，在空气中散发着清香的气息。

在温暖的季节里，游人可以参加一些项目。骑马、钓鱼和在蒙古包里逗留过夜，都十分有趣。野餐地和野营地散布在森林里和草地上，靠近保护区的饭店和旅馆提供当地新鲜的牛肉和羊肉。这里的牛肉和羊肉，是中国最好的牛肉和羊肉。它们比内蒙古以外地区的牛肉和羊肉更加鲜嫩，其味更美。因为这里的牛和羊，都是内蒙古的良种，而且吃的是营养十分丰富的草料，喝的是未受污染的纯净水。

白音敖包自然保护区是极好的牧场，上面布满了吃草的马群、牛群和羊群。棉花似的云团，在蔚蓝的天空上飘荡。成群的鸟儿，在头顶盘旋。树木环绕的河流和池塘

保护区牧场

里，鱼类丰富。从9月开始，在晴朗的日子里，山杨和桦树的金色，槭树的鲜红色，构成一幅靓丽的秋景。冬季也是美丽的季节，不仅具有闪闪发亮的冰雪和冰雪覆盖的景观，而且也是观鸟的季节。这时漂亮的喜鹊、百灵鸟和麻雀，在冬景的衬托下，成群地飞翔。

2. 有利的自然条件

这些红皮云杉林之所以能在这里存在，得归功于其周围有利的、特殊的自然环境。内蒙古高原东部多山的地形，提供着多种多样的天然生境。夏季的东南季风，给这里靠海的高原东端，吹来了温暖潮湿的空气。白音敖包自然保护区里，有两条河流蜿蜒流过，池塘遍布草原，丰富的年降雨量和融化了的雪水，提供着滋养生命的水源和湿润的土壤。地面水深深地渗入地下，而草原沙地上水分蒸发很慢，使土壤里水分的保存量较高。这片草原的东部边缘，有300毫米～450毫米的年降雨量和60%或更高的湿度，都高于这片草原的中部和西部地区。此外，白音敖包自然保护区位于黑钙土亚带半潮湿的草原上。因此，这里特殊的自然条件，对森林的生长极为有利。这些森林，代表着沙漠地区植被演替的顶点，也显示着生态的最佳条件。因此，白音敖包自然保护区已成为一片珍贵的科学研究基地。这里开展了一系列的科学研究项目，包括：关于红皮云杉林这种独特的森林类型的发生、存在和发展，这些森林与其他各种植物之间的生态关系和与其自然生态环境之间的关系，半干旱沙漠草原上的生物变化及其在固沙方面的重要性等。这些研究项目，将为中国暗针叶林的繁殖、发展和地理分布，提供十分珍贵的科学资料。这些森林是一个重要的生物基因库，将对中国森林覆盖率的扩大，作出新的贡献，而且也为固沙提供了良好的途径。

人类对森林的破坏和虫害对森林的危害，对森林造成了损害，同时，过度放牧也使牧场逐渐退化，已经成为一个值得关注的重要问题。怎样实施病虫害综合防治，怎样保持牧场的永续利用，也是重要的研究项目。

第四章 辽宁省的自然保护区

蛇岛自然保护区

1. 蛇的世界

蛇使大多数人感到害怕。在中国的蛇岛自然保护区里，集中了大量的蝮蛇。要到这个保护区旅游，实在是一种挑战。但是，也正是因为这种可以提供的刺激性，更加促使游人向往得到这样惊心动魄的经历。

蛇岛自然保护区位于中国东北辽宁省大连市的西海上。在这个世界上非常稀有的蛇的世界中，蝮蛇占据统治地位。蝮蛇是一种大型的毒蛇，大多数身长90厘米，体重400克。这个保护区约有着13万多条蝮蛇，是中国最大的蝮蛇种群。蝮蛇的数量，平均每年增加8%左右。你如果匆匆一瞥，可能以为这里没有蛇，但是，如果向周围细看，你会看到，整个岛上，到处是蛇。蝮蛇黑褐色的皮肤，与岛上的背景融为一体。它们巧妙地掩护着自己，盘在树枝上或者岩石的周围，或者躲藏在灌木和野草之中，只将眼睛和嘴巴露在外面。如果你漫不经心地在这周围行走，很可能踩到蛇身上。

蝮蛇有三角形的脑袋、细细的脖子和两颗毒牙。这里的蝮蛇，能用它们的毒汁杀死天敌和人。这种毒汁，却也是一种很好的助消化药。

银环蛇

因为这里有着丰富的鸟类，而只有很少的啮齿类动物，所以，小鸟就成为蝮蛇的主食了。当蝮蛇捕捉小鸟或者青蛙的时候，它们伪装成树枝或者岩石碎片，耐心地等待它们的猎物，一旦时机成熟，蝮蛇就向停留在附近的小鸟或青蛙猛扑过去，并咬住它们。这时，蝮蛇张开大嘴，首先将仍然活着并且不断踢腿的小鸟或青蛙的脑袋吞进嘴里。这是一种可怕的景象，常使旁观者惊心动魄。

每年秋季，会有10万多只迁徙鸟在其迁向南方的途中降落在这个岛上，因此，秋季是蝮蛇最忙的季节，它们会吃进足够的食物，为从当年10月到第二年4月中旬的冬眠做好准备。一条蝮蛇每天能吞下数只小鸟，而且，它们吞食的鸟儿的个头，常常它们自己的脑袋还大。小鸟是蝮蛇最容易发现的佳肴，除了吞食小鸟以外，蜈蚣和其他小爬行动物也是蝮蛇的美味佳肴。冬天来到的时候，蝮蛇爬进岩石的深缝里，或者爬进远离大风的岩洞里去。这里的蝮蛇，除了冬眠以外，还有一个从7月下旬到8月上旬的夏眠期。

蛇岛风光

这里的蝮蛇，一般到了3岁～4岁时才到性成熟期。每年5月、8月、9月和10月上旬为蝮蛇的交配期。蝮蛇是一种胎生动物，每当雌蛇交配以后，精子便会一层一层地排列在其卵巢里，可保存3年～4年之久。3年～4年中，雌蛇将精子一层接一层地释放出来，以便受孕。经过105天的怀孕期，每条雌蛇每次可生出2条～6条小蛇。许多独行的雌性动物，在其幼仔生出以后很长一段时期内，会陪伴它们的幼仔，使它们的幼仔受到母亲的照顾、保护和训练。但是，雌性蝮蛇与其他许多雌性独行动物不同，幼

蛇的天敌

蛇刚一出生，就开始完全独立的生活；而且，它们天生的本能可指导它们单独料理自己的生活。这里蝮蛇的寿命为15年左右。

蝮蛇是一种聪明的动物，它能找到一些药草医治它们的伤痛。当它们受伤或受到疼痛的时候，它们就从一种野草丛中反复地爬来爬去。如果伤痛仍未痊愈，这条受伤的蝮蛇就由它的伙伴将药草嚼碎，涂抹在它的伤痛处。中医证明，这种野草也对治疗蛇咬伤和其他伤痛有疗效。

蝮蛇是一种毒蛇，能将人和大型动物毒死，所以被认为是毒蛇之王。但是，除非你漫不经心地踩在蛇身上，或者故意袭击它，否则被蛇咬的机会是很少的。这些毒蛇，如果见到人也像其他野生动物一样，拼命地从人前逃跑，躲藏在不易被人发现的地方。因为，人使大多数大大小小的野生动物感到害怕。蝮蛇也有其天敌。它们最大的威胁，来自鹰、猫头鹰和其他猛禽。但是，它比与它个头一样大的大多数其他动物有着较好的武装，它能用有力的武器进行自卫，也就是它致命的毒液。这说明了为什么蝮蛇是这个岛上唯一能够存活的蛇种。

2．独特的栖息地

蛇岛自然保护区四面环海，面积为8平方千米，高出海面只有215米。它是一个没有人烟且人迹罕至的岛屿，为大量的蝮蛇提供了一个极好的家园。要来到这个岛屿，只能乘船。这个岛屿看起来十分神秘，弥漫着另一个世界的氛围。岛上宁静幽深，气候温和，雨量充足，相对湿度较高，土壤疏松，植被茂盛，不仅为蝮蛇提供了极好的条件，而且也为多种野生动物和植物提供了着良好的生活环境。

这个岛上密布着180多种被子植物，20种灌木和茂盛的次生林，以及茂密的草本植物。所有这些树木、灌木和草本植物，都很好地掩护着蝮蛇。岛上的122种昆虫，是91种鸟的良好食物。这里的大多数鸟都是迁徙鸟，都是蝮蛇稳定的食物来源。因为这里缺少啮齿类动物，所以，不食鸟的蛇类在这里无法存活。因此，只有大量集中的蝮蛇，愉快地生活在这里。这种独特的栖息地，不仅使蝮蛇的习性和外形发生了变化，而且也使这里树木的形状发生了变化。中国其他地区的蝮蛇，以啮齿类动物为食。而这个岛上的蝮蛇，却以鸟类为食。因为这里的植物，经常受到强劲海风的袭击，所以，这个岛上的大多数植物，与大陆上同类植物的形状不同。这里的桑树、槭树、栾树、赤松、黑松、栎树、洋槐、榆树和苹果树，都十分低矮，几乎像灌木一样。比大陆上的同类树木矮小得多，不像大陆上的同类树木那样发育良好。

这个岛上的一些灌木和草本植物，春季都鲜花盛开，展示出靓丽的色彩。锦葵是这个岛上花色最靓丽的开花植物，它火红的花朵好像早春里闪闪发光的火炬，每年盛夏，双子叶植物也将这个岛装饰得色彩缤纷。金黄色的黄花菜，在绿色的植被中闪闪发亮，它是一种可以食用的植物，用作辅助食品，被人们广泛食用。桔梗秀丽的花朵，好像一串串小小的铃铛，悬挂在

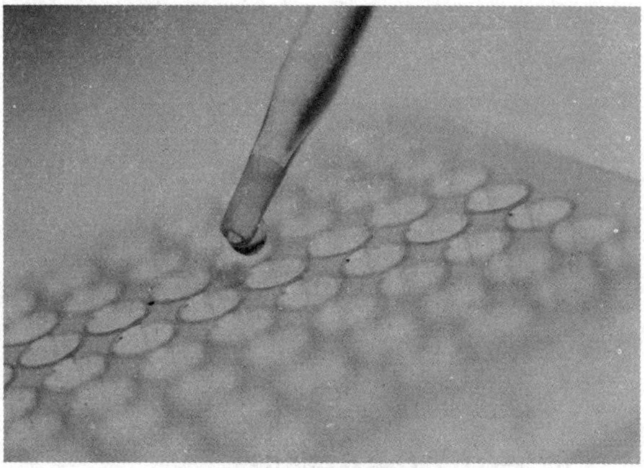
对于蛇毒的医学实验

青草之中，摇曳多姿。东北羊角芹，用其雨伞形的白花装饰着这里的地面，好像它用数百把小小的白伞为这里的土地遮阴。藤蔓和攀缘植物覆盖着其他的植物，也从树枝上垂下来，夏季为岛上的野牛动物提供阴凉。

蛇岛自然保护区建立于1963年，以保护和繁殖蝮蛇，并对其进行科学研究为目的。这里丰富的野生动物和独特的生态系统，适合研究蛇、鸟、两栖动物和爬行动物的生态及生物特性，以及由于这里不同的自然环境，而引起这个岛上的植物与大陆上其同类植物之间的区别，以对这里动植物区系的进化和蝮蛇毒液的利用，取得更好的了解。

毒蛇，特别是蝮蛇，具有很大的药用价值，在中药中已经采用了几个世纪，而且，作为麻醉剂、止血药和止痛药的一种珍贵的来源，在目前世界医药中，仍在使用。研究表明，毒蛇的毒液，对脑血栓、肺病和胃病、几种癌症和某些无名的疑难复杂的疾病有着很好的疗效。此外，这里蝮蛇的毒液，含有10多种酶，其中有些酶，在合成蛋白中，有十分重要的作用。蛇皮、蛇胆、蛇血和蛇蜕的皮，也是中药材。然而，不幸的是，随着蛇岛和蝮蛇毒液巨大价值的发现，过量的开发和偷猎，已使这个岛上的蝮蛇种群遭受到巨大的损失。蛇岛自然保护区的建立，可以减少对蛇的冲击。在过去几年中，这个岛的部分地区对外开放，造成了游人对岛上的蝮蛇不断增加的干扰，也发生了蝮蛇对游人的攻击造成伤害。将这个岛封闭起来，不许游人进入，只许少数科学工作者经特殊批准而进入，是一种明智的决策。

第五章 吉林省的自然保护区

长白山自然保护区

1. 保护区简介

长白山自然保护区位于中国东北吉林省，地跨中朝边境，以其辽阔的火山遗迹和完整的天然生态系统而赫赫有名。它的总面积为1907.81平方千米，由原始森林、高峰、高山、湖泊、河流和沼泽地组成。这些景观的大部分都保存完整，尚未受到人类开发的破坏。

这是一片多火山的土地。在200万～300万多年以前，这个地区由于火山爆发而天摇地动。最后的三次火山爆发，分别发生于1597年、1688年和1702年。当每次火山爆发震动这片遥远的地区时，大量的火山灰形成大片的云团，遮天蔽日，天昏地暗，使整个地区都处于剧烈的震荡之中，地动山摇。一个火山口突然张开，猛烈地喷射出火焰和岩石。火焰熊熊，岩石滚滚。火山的裂缝喷出大量的熔岩。被熔化了的岩石，从火山裂缝的深处及其附近地面上的裂缝中翻滚而出。一团团炽热的轻石块腾空而起，飞到数百米的高空。大块大块火热的轻石降落到山谷里和低地里，将大片的土地覆盖了起来。这种恐怖的景象，持续数十个小时才平息了下来。被覆盖在地下的河流和清泉，在火山灰下被烧烤，冒出热气，袅袅上升，升到高空。一些低地上，火山爆发前覆盖着茂密的杨树、桦树和云杉，沼泽地散布其间。火山爆发时，滚热的岩浆包围了活树，这些树木燃烧起来，大火熊熊。燃烧以后，只剩下烧焦的树干，许多高大的红松树被埋在了熔岩下面。

如今，长白山自然保护区里，

游人最常游览的景观，都是过去数次火山爆发的产物。火山喷发出来的熔岩等喷发物冷却以后，逐渐堆积起16座巨大的火山锥。这就是新生的16座高峰，高达2500多米，陡峭高耸，巍然屹立。火山锥周围长出了森林，河流、湖泊和池塘点缀其间。经过几个世纪的风雨侵蚀，每座高峰形状各异。人们按其形状，给予了其不同的名称。比如，白云峰海拔高达2691米，是中国东北部最高的山峰。因常被白云笼罩，所以被称为白云峰。鹿鸣峰高达2603米。因其峰下温泉里不断冒出热气，升向高空，融化了峰上的白雪，使之成为这里唯一的冬天没有积雪的山峰，其背坡上植物茂盛，给野鹿提供了良好的栖息地，人们经常听到鹿的鸣叫声，所以，就叫它鹿鸣峰。一座山峰，形状如门，似乎是为巨龙而建造的大门，所以叫龙门峰。另一山峰，形似鹰嘴，所以叫鹰嘴峰。

自上述三次火山爆发以后，活的火山至今再未爆发。但是，这个地区由典型的火山地形构成，其中有常年冰雪覆盖的山峰、玄武岩台地、玄武岩高原、火山锥、河谷、温泉和瀑布等构成的火山奇境。“长白”意为“永远是白色”，指的是山峰顶上常年积雪，白雪皑皑，长白山由此得名。

长白山温泉

最后一次火山爆发于1702年，也就是爆发于300多年前。在其后的年代里，岩石上逐渐形成了土层，慢慢地长出了植被，各种树木也在这些岩石上扎根生长。现在，过去的火山似乎都处于静止状态。河流从火山锥周围流过，火山渣上，青草如茵，给这片土地增添了生气。蕨类植物、苔藓、树木和开花植物，苍翠葱郁。过去欣欣向荣的景象，在火山爆发后的短期内完全消失了，现在又展示了出来。在过去遭到大破坏的土地上，现在却出现了这个美丽的自然保护区。看到火山锥、崛崖、轻石床和热气腾腾的温泉，使人回想起过去猛烈的火山爆发。绿湖遍布，曲径通幽，使这里成为一个适合步行漫游的保护区。

这些山峰，虽在漫长的时期里受到风雨荡涤，现在俨然奇峰峥嵘，巍然耸立，令人敬畏。每座峻峭的火山锥都孤峰突起，向人挑战。这些高耸的山峰是地质变动和自然雕刻的混合物。站在这些峰顶上环视四周，森林密布，重峦叠翠，风光旖旎。如果沿着天然小道步行漫游，异常清幽的环境，使人的内心似乎也平静、安宁。如果你想接受挑战，继续步行，走过更陡峭、更崎岖的后坡，就可以到达原始森林，欣赏那保护完好、未受破坏的美景。

在长白山自然保护区众多的瀑布、清澈的河流和明澄的湖泊中，

长白山天池

要算火山湖吸引力最大。

200万年～300万年以前，一次早期的火山爆发筑起了一座火山锥，叫作白云峰。在这个山峰上，留下了一个洼陷，地壳塌陷下去，形成了一个深坑，成为一个杯形的火山湖，叫作天池。这个椭圆形的湖泊，是过去火山大动荡的产物。它镶嵌于海拔2194米的山峰之间，周长13千米，水面10平方千米，平均水深204米，最深处373米，是中国最高也是最深的湖泊。

这个湖泊，宛如一块无瑕的碧玉。湖水的颜色，随着多变的云团的厚度而变化。有时是深蓝色，有时是葱绿色。夏季，在灿烂的阳光下，湖水晶莹碧透，闪闪发亮，波光粼粼。湖周围群峰环抱，错落有致，都清晰地倒映在湖水之中。湖光山色，交映生辉，格外秀丽，令人陶醉。湖区里气候变化无常，尤其是在夏季。这一阵天气晴朗，风和日丽。但是，突然之间，黑云密布，笼罩山峰，一阵暴雨泼洒而下。当黑云消散、暴雨过去时，湖面又碧水平静，一片靓丽了。

到天池边游览，是在长白山自然保护区游览最精彩的部分，白云峰是这里群峰中的最高峰，天池位于白云峰的峰顶。站在湖边，俯视下面，一切景致，尽收眼底。湖周围的山峰，高耸入云，苍翠清秀，点缀着各种野花。群峰上融化的雪水，流入湖中。湖面清水幽幽，碧波浩渺。水晶般碧绿清澈的湖水，在峰顶上闪闪烁烁。在大部分时间里，湖水相当平静，只有跳出水面的鱼儿和阵阵暴雨，在湖面掀起波纹。明镜般的湖水，和煦的阳光和从湖上蓝天中飘浮而过的白云吸引着游人，来到湖边欣赏湖上壮丽的景色。

天池三面环山，在其北边，有一个出口，即群峰的缺口。一股大水从湖里流出，形成一条美丽的瀑布，叫作长白瀑布。它从陡峭的悬崖上直泻而下，水声轰鸣，奔下山谷。中午前后，彩虹出现，悬挂湖上。这条68米高的瀑布，是长白山自然保护区里最高的瀑布。从远处望去，好像一条巨大的银色缎带，悬挂在空中；也好像银帘飞挂，气势磅礴，非常壮观。

长白山自然保护区湖泊遍布，湖上荡舟，也很有趣。离长白瀑布不远的地方，新的奇景引人注意。在1000多平方米内，几十个温泉星罗棋布。其水温达到82℃，可将鸡蛋煮熟。在长白山自然保护区的其他地方，温泉群更多，可以为当地人和来自各地的人提供热水浴。

从温泉里流出的热水，在外流的过程中，由于水温不同，将其周围的岩石装饰得五彩缤纷。有橘红色、黄绿色、暗绿色、棕色、黄色和棕黄色。冬季，当大地上白雪茫茫时，从温泉里和地面的裂缝里冒出的热气，盘旋而上，升入空中，在温泉周围的树上挂满白霜。

长白山自然保护区矿泉水丰富，含有几十种人体不可缺少或对人体有益的微量元素。

2. 天然生态系统

过去火山爆发喷射出的火山灰，使这里的土壤变得松软，含有丰富的矿物质，因此，这片土地为种类繁多的植被提供了丰富的生长环境。长白山自然保护区茂密的森林，郁郁葱葱，林海苍茫，绿波荡漾，一望无际，包含着非常广泛的植物区系。其中已知的维管束植物，有1500种，构成了种类繁多、结构复杂的植物区系。有从第三纪遗留下来的古老植物，也有欧洲和西伯利亚的植物以及日本和朝鲜的植物，还有来自北极地区和中国亚热带的植物。长白山自然保护区

茂密的森林

汇集着欧亚大陆从寒带到温带的植物，虽然没有标明界限，但却有明显的植被垂直带谱。从河谷到长白山顶，各种类型的植被展示着不同气候带里的主要植被类型，自下而上分布着针阔叶混交林带、针叶林带、岳桦林带和高山苔原带，显示出这些天然植被带的演化。这个生态系统中的每一个组成部分，都有其各自的特性，也都在衬托整个生态系统中，起着特殊的作用。

这里巨树林立。柳树和响叶杨的叶子在微风中闪闪发亮。通直的红松树上，松鼠急匆匆地跑来跑去，发出吱吱的叫声，似乎对游人的侵入表示不满。槭树和桦树在山脚下大量生长。在较高的海拔上，云杉和冷杉占优势，与高山草甸和片片的野花共同生长在亚高山的环境里。在这具有悠久历史的自然美景中，还生长着木兰和灯台树。其中有些树木的树龄，已经超过了50岁。

海拔600米~1100米之间，分布着温带林。其特征是红松和阔叶树的混交林构成这个地区典型的森林类型。其主要树种有沙松冷杉、红皮云杉、鱼鳞云杉、紫杉、水曲柳、胡桃楸、黄檗、糠椴、槭树、榆树、桦树、木兰和灯台树等。这里森林密布，绿意盎然，巨树耸立，高入云霄。它们繁茂的枝叶，构成巨大的华盖，遮天蔽日。沿着任何一个较高的山峰步行漫游，都会通过松树和响叶杨密林等多种植被带。微风吹过，树木野草不停地摆动。沿着绿树遮阴的小径漫游，或者在阴凉的森林下悠闲地游荡，是一种愉快的旅行。静寂的森林，会使你很快忘记林外的嘈杂。

春临大地时，山上山下生机勃勃。许多野花透过野草，早早地开放。满山遍野都点缀着野花，散发着野花的香味。6月~8月，到处野花盛开，争奇斗艳。火红的杜鹃花，使灌木丛生的林边和路旁靓丽起来。一丛丛的野花像灿烂斑驳的锦绣被面，覆盖着整个山边。繁花似锦，色彩纷呈。晚些时候，所有的山坡上，闪耀着红色的和金色的秋叶，其间散布着尖形针叶树的深绿色。每年8月，长白山自然保护区的美景，达到第二个高峰。

红松是这类森林里的主要树种。它雄伟珍贵，树干通直，高达

30米～40米，能提供优质无节的木材，能够防水，不翘不裂。由于它材质优良，耐腐性强，容易加工，适合做门窗框、家具、生活用具等，还具有许多其他用途。

紫杉生产优质的木材，颜色深红，具有特殊的香味。所以，当地人叫它红松，虽然其树干较矮。

长白松林，十分突出，很吸引游人。长白松是高雅的树种，非常引人注目，它的树皮呈棕黄色或金黄色，树干通直，高达20米～30米。其下部的树枝很早脱落，而其侧枝集中在树梢的周围，构成壮丽的伞形树冠，很像一位苗条的少女，身穿金黄色的服装，亭亭玉立在伞形树冠，几个或十多个树枝向左右伸展，好像这位少女挥动着手臂迎接游人。数十年前，当长白松在长白山自然保护区里被首次发现时，其美丽的形状，为它赢得了“松树皇后”的别致称号。经过调查，科学家发现，这种松树是欧洲赤松在我国的地理变种，因此，给它正式命名为长白松。长白松的发现，给长白山自然保护区丰富的树种增加了珍贵的一员。

长白松是极为优良的树种，它只生长于长白山北坡海拔700米～1600米的地方，适应由火山灰

漫山松林

或者山地暗棕色森林土壤发育起来的低沙土壤。在同样的条件下，它比红松长得快，材质优良，柔软而坚固，容易加工，不翘不裂，适合做建筑、桥梁、船只、铁路枕木和胶合板。它的树皮，能为制革工业和化学工业提供单宁或树脂酸原料。它的松针和花粉，含有维生素C和其他化学物质，适合做药品。良好的适应性，使它成为花园、行道树和荒地人工造林的优良树种。

水曲柳、胡桃楸和黄檗是中国东北部的三大主要硬木树。水曲柳是优良的树种，它树干通直，苍劲挺拔，高度可达30米，胸径可达60厘米，可提供优良的木材。它木纹美观，适合做胶合板、家具、地板，具有多种用途。

红松和阔叶树混交林里，除了这些树木、灌木和草本植物以外，还生长着一些攀藤植物，与树木交织在一起，主要有猕猴桃、大通马兜铃、大血藤、五味子和山葡萄等。它们在大树周围攀缘或缠绕，给这里的温带森林带来亚热带的景象，显示出长白山中特殊的植物区系。这种植物区系，在中国南方亚热带森林里可常见到。这说明南方的植物在向北移，与当地的植物混合而生了。

在海拔1100米～1500米之间的山上，布满了针叶林，红松、鱼鳞云杉、红皮云杉和臭冷杉，长白落叶松是这些树种常见的伴生树。从海拔1500米～1800米，由于气温降低，空气湿度大，由鱼鳞云杉、臭冷杉和红皮云杉等抗寒的针叶树组成的寒温性针叶林，代替了茂密的阔叶树和针叶树的混交林。这些抗寒树种的枝叶，紧密交织，形成网

挂雪的云冷杉林

高山岳桦林

络，构成茂密的森林华盖和阴暗潮湿的林地。因此，云杉和冷杉林就被称为暗针叶林。只有一些喜阴的小灌木，能够在这些阴暗的林地上成活。

云冷杉林下，潮湿阴暗的环境为一些耐寒的苔藓和地衣提供了良好的生长环境。苔藓形成了一片柔软的绿色地毯，覆盖着林地，也布满了大树的树干。

地衣是一种附生植物，不常见到。它是1米多长的长条，生长在针叶树的树枝上，并从高高的树枝上悬垂下来，随风摇晃，好像大量绿色的缎带飘在空中，在这些针叶林里创造出迷人的景象。

在树木线上，树木为了生存，都变得矮小和弯曲了。生长了一个世纪的树干，只达到人们腰部那样高。有些树木好像藤条伏地而生，被无数的雪块压得弯弯曲曲。从不停息的风使其他的树木也改变了形状，就像一串一串的树枝，在背风处飘荡。

高山岳桦林分布在火山锥的中上部到受风袭击的峰顶上，就是说，从寒温性的针叶林带到海拔2100米处。这里山的坡度急剧下降，海拔升高，气温下降，降雨量增加，湿度大，风力强，以及瘠薄的土壤，高大的针叶树不适合在这种恶劣的环境里生长。然而，岳桦这种矮小的树木却喜欢强阳光和高湿度，适应风雪交加和各种土壤，因此能在这种环境里茁壮成长，并且形成只有一人高的森林，形如灌木，矮小弯曲，形状奇特。它高度发达的根系，稳固地扎根于土壤里；而且，它厚厚的树皮上布满了绒毛，好像皮大衣包围着幼苗。高山上的大风，强迫树木朝着风向弯曲，使高山岳桦林弯曲、盘结、矮小，形成独特景象。变成这种奇怪形状，这些树木才能在这种恶劣的环境里成活，并且，成为一种奇迹。就是在寒冷的高山顶上，也有这样一种阔叶树生长。潮湿的林地上，点缀着茂盛的亚高山野草和五彩缤纷的开花植物。最显著的是杜鹃花、长白金莲花和乌头等，在银色的岳桦树中，形成一片色彩纷呈的景象。

从海拔2100米到风力强劲的山顶，布满了大片的高山苔原。这里温度较低，雨量增加，经常下雪，最深的雪有90厘米～115厘米厚，积存山顶，半年不化。常年刮着7级或者更强的大风，这种自然条件，与北极的气候十分相似，于是就产生了这种高山苔原。这在欧亚大陆的东部，是唯一的一种苔原。这里没有树木，即使是很小的树木也不能生存。因此，这些山顶是一个没有树木的世界，只是布满了各种北极区的植物，灌木和草本植物在这里扎根生长，欣欣向荣。但是，它们贴地而生，好像是匍匐植物。各种杜鹃花在这里生长突出，形成一幅五颜六色的图画。

高山植被对这种大风寒冷的恶劣环境十分适应。常绿的多年生植物紧贴地面而生长，而且，它们的叶子互相重叠，或有保护层。许多细小的高山植物，在高山苔原上，从早春到盛夏，鲜花盛开，6月下旬开得最艳。由于这些植物有高度发达的根系和根茎，独花乌头、高山毛茛和斑点虎耳草等大量的草本植物，也生长着细小的叶子，开着各种颜色的花朵，覆盖着高山苔原，将这些高山装饰得色彩绚丽。这些植物中的大多数都是北极区的常生植物，但是，在这里的高山苔原上也生长旺盛，虽然大多数的生长期很短。

长白山脉水力资源十分丰富。白头山是水源的中心，第二松花江、图们江和鸭绿江都发源于此。鸭绿江从中朝边境之间流过，成为中朝之间的边境线。这些河流和松花江及黑龙江对东北的水力发电和东北大平原的灌溉，起着至关重要的作用。东北大平原土地肥沃，集约经营的农田，为中国提供了大量

长白山自然保护区的松林

的粮食，而且，为东北兴旺发达的农田和城市制造业，提供了一条非常宝贵的运输干线。

3．丰富的林产品

长白山具有非常丰富的植物物种，拥有80多种能生产木材的树木，占这个地区针阔叶优良木材树种的3/4，最主要的树种有云杉、冷杉、长白落叶松、水曲柳、黄檗和胡桃楸。

长白山自然保护区的野生水果也十分丰富。猕猴桃、山葡萄、山胡桃、榛子、野梨和各种浆果，都在秋季成熟，可供人们采摘。

多种药草也在这里茂盛生长。人参是世界闻名的珍贵药草，是长白山的特产之一。刺参、刺五加、百合、瑞香、细辛、党参和许多其他的药草，都有较高的价值。地衣是提取地衣聚糖的原料，对有些癌症有疗效，也是野鹿和麝鹿的优良食物。

长白山还生长着大量的植物，适合做油料、香料、纤维、染料和化妆品。这里也生长着大量的各种寄生真菌，可供食用。最主要的有黑木耳和猴头菌，都是东北的特产，在中国和世界都是有名的美味食品。猴头菌还是一种抗癌药，对肿瘤有一定的抑制作用。

4．野生动物的庇护地

长白山自然保护区巍峨的群山，高耸的山峰，茂密的森林，为300多种野生动物提供了极好的庇护地。这些野生动物约有53种，其中，东北虎、梅花鹿、猞猁、金钱豹、麝鹿、紫貂、青羊、黑熊和獾等，都是主要的珍稀动物，受国家重点保护。

自由自在的野生动物

这里的野生动物在东北森林里分布广泛。白天常见的动物有松鼠，它们常在野餐地里跑来跑去，偷食野餐者剩下的食物。野兔和野鼠在草地上匆忙地奔跑。鹿是常见的动物，常在林边吃草。如果你很幸运，就会看到鹿群走过林间空地。当它们受惊时，就跳跃而去。老鹰在山峰上盘旋。夜间，你会看到狐狸、鼬鼠和其他夜行动物到处游荡。黑熊是一种孤僻的动物，主要以浆果、干果和动物的尸体为食，栖息于路旁，也常在野营地周围游荡，除非挨饿或者陷入困境，否则在一般情况下，黑熊不伤人。

这里有277种鸟，在长白山中很常见。在春季和秋季的迁徙期里，它们或聚集路旁，或飞过森林。在森林里、草地或湖畔上，它们会唱出悦耳的歌声，给长白山自然保护区增加活跃的气氛。金尾燕、大山雀、黄鹂和其他鸣禽，都是森林里最常见的鸟类，红交嘴雀是一种小鸟，美丽可爱，也是森林里另一种重要的常栖鸟。它与啄木鸟和其他许多食虫鸟，在保持这里天然生态系统平衡方面起着重要作用，许多水禽栖息在湖泊、池塘和河流里，其中雁、鸭和鹤，都能时常看到，其他栖息在这里但数量较少的哺乳动物，有水獭、水貂和河狸，水貂常常随着河流活动，而河狸则在森林里将流水堵成池塘。

有几种无毒蛇、蜥蜴、青蛙和大鲵，在这里也常见到。

西伯利亚虎也叫东北虎，是最珍稀的动物，也是东北最大的动物。当地人叫它野猪的追逐者。为了捕到野猪，它常常隐藏在丛林中，窥视正在吃食或停留某地的一群野猪。它不敢向一群野猪进攻，但却会捕捉一群野猪中的个别野猪。当一群野猪正在走动时，东北虎悄悄地跟踪其后，以极大的耐心观望它们，等待时机。一旦有一只野猪掉了队，离开了野猪群，东北虎就会向这只野猪猛扑过去，咬住其喉咙，这只野猪就成了东北虎的食物。东北虎的胃口很大，每次要吃5千克～7千克动物肉。当它饱餐一顿以后，就将吃剩的野猪肉用草皮盖起来，留着下顿再吃。

紫貂的皮毛非常珍贵，世界闻名。它栖息于原始森林里，在石

长白山水怪之谜

头堆里筑巢，也在树洞里筑巢。它善于爬树，但通常在林地上到处游荡。傍晚时，它在森林里匆匆忙忙，到处奔跑，寻找松鼠、榛鸡、松鸡、野兔、鸟、鱼、松子和浆果为食。

一对紫貂从来不会生活在一起：雌貂为了交配，只允许它的“丈夫”与它在一起停留很短的时间，交配以后，“新郎”必须马上离开“新娘”。如果雄貂在交配以后与雌貂一起停留稍长的时间，就要受到雌貂无情、残忍的袭击，因此，人们称一对紫貂为短暂的夫妻。

5. 怪兽之谜

20世纪初期，当地的一些文献里，就有关于长白山自然保护区火山湖里一种无名动物的记载。最近几十年中，有数百个旅游者在这里数十次目睹了这种无名动物。有人说，这些无名动物看起来很像恐龙；而有些人却说，它们很像水牛，但其脑袋比水牛的脑袋大。因为距离太远，不可能将这些动物看得很清楚；又因为它们的大部分身体淹没在湖水里，更不可能确认它们究竟为何种动物。

近几年来，一位中国科学工作者在距火山湖大约1000米远的天文峰上，对这些动物进行了长期观察。在6月和9月之间，有几次在早晨的时候，他看到4只或数只无名动物出现在火山湖的水面上。它们在湖水里互相嬉戏追逐，在湖上游泳，其身后的水面上，会留下A字形的波纹。如果跳进深水，在水面上则会激起1米～2米高的水花。它们每一次在水面上嬉戏5分钟～6分钟，然后，向湖的另一边游去，或者一个接一个潜入湖水，看不见了。

关于这些无名动物的存在，似乎已无疑义了。但是，它们究竟是什么动物，仍然是个谜，使科学工作者迷惑不解。在没有取得确凿的证据以前，我们仍然不知道这些动物到底是什么。

第六章

黑龙江省的自然保护区

一、扎龙自然保护区

1．稀有的丹顶鹤

扎龙自然保护区位于中国东北黑龙江省齐齐哈尔市的远郊区，面积为2100平方千米。扎龙自然保护区，以其养育着世界珍贵稀有、优雅美丽的丹顶鹤而闻名中外。

丹顶鹤是一种迁徙鸟。在中国，每年4月～5月从中国的南方来到中国东北部的黑龙江省。在这里，它们用干枯的植物筑起大量的窝巢，用从它们胸部拔下来的羽毛，围在窝巢的周围，准备繁殖季节的到来，直到9月或10月为止。每年秋季，它们结束在东北愉快的逗留，返回南方，在南方越冬。

丹顶鹤栖息于野草覆盖、小湖和池塘密布的湿地上。在那里，它们可以毫不费力地在水面上滑行，在沼泽地上或者芦苇荡边悠闲自在地走动。它们的食物较为广泛，包括鲜嫩的植物如芦苇、野草、野果、植物的种子和鱼、虾、野鼠、青蛙、昆虫等，甚至是粮食。吃饱食以后，就用嘴整理其羽毛，使其羽毛保持光亮洁白。

丹顶鹤因为其头顶裸露无毛处有一块朱红的红斑而得名。它是世界上最大的鸟之一，也是一种美丽的徙禽。它身高1.2米，双翅展开时有1米多宽。它长长的通直的脖子、腿和嘴，以及粗短的尾巴、几乎纯白的羽毛、翅膀里夹杂的着少数黑毛、丰满的身段、轻盈的步履、敏捷的跑步和轻松的飞行，无一不使它成为一种高雅优美的鸟。它端庄文雅的举止，使它具有神奇和神秘的魅力。因此，它在东方受到高度的宠爱。中国人称之为“仙鹤”。

这种极为稀少和美丽的鸟，主要生活在中国东北的黑龙江省、俄国的西伯利亚、朝鲜和日本北海道。由于在大多数分布区里，丹顶鹤处境濒危，所以，曾处于绝种的边缘，数量很少，而且生活的地方很小。由于杀虫剂的污染、栖息地遭到破坏、非法猎杀和保护不当，因而，在许多年里它处境危险，朝不保夕。现在它已经被认为是一种濒危的世界之宝，引起了全世界的关注，也是中国国家重点保护的一类珍稀动物。虽然它受到保护，且其处境正在改善，但仍然面临着各种危害和威胁。

丹顶鹤

丹顶鹤富于感情，也有着严格的家庭观念。当它们择偶的时候，公鹤翘起羽毛，在母鹤周围跳起求爱舞，表示它对母鹤的钟爱之情，母鹤如果爱上了这只公鹤，也会翩翩起舞。在跳舞时，它们互相面对面跳到空中，发出兴高采烈、欢欣鼓舞的叫声；同时，双爪前伸，双翅展开；然后，郑重地向对方点头鞠躬，并再次重复这种令人注目的表演，有时一次又一次地跳舞，直到它们兴尽乐极为止。这是一种特别感人也使人心情激动的场面。丹顶鹤与其他许多动物不同，它的交配是不公开的。一旦完成交配，这一对丹顶鹤就始终密切合作，共同收集野草和树枝，在芦苇中或者野草中筑起窝巢。母鹤每年产1个～2个蛋，当母鹤产蛋时，公鹤会站在一旁守卫。它们也会共同分担孵蛋的家务，持续30天～40天。一旦孵出了幼鹤，公母鹤就共同抚养幼鹤。给幼鹤喂食，教幼鹤游泳和寻食，直到幼鹤能够飞行，独自生活，选择配偶，建立起自己的家庭为止。公鹤和母鹤都有锐敏的视力和长而尖的嘴，都极为精心地保护它们的幼鹤。无论何时，当其幼鹤受到天敌袭击的时候，公鹤和母鹤能够从老鹰的嘴里夺回幼鹤，甚至能将狗或者狐狸用嘴啄死。

丹顶鹤对其配偶非常忠诚。如果一方受伤，另一方则日日夜夜精心照顾。只有当配偶死亡以后，活着的一方才恋恋不舍地离开死鹤，发出悲痛的叫声，啜泣恸哭。据说，丹顶鹤一生只择偶一次。如果一方死亡，活着的一方则对其死亡的配偶始终忠贞不渝，终身独居，不再择偶。因为一对丹顶鹤可能共同生活60年之久，所以在中国，丹顶鹤被认为是长寿的象征。因此，中国有句谚语：松鹤延年。

2．极好的栖息地

这是一片平坦的低洼地和原始旷野，淡水湖、芦苇荡、苔草沼泽地、草地、森林覆盖的沼泽地和草甸遍布各地，浩渺无垠，一望无际。沼泽地水深75厘米。水深5米的湖泊和池塘，盛产鱼、虾、水生昆虫和青蛙。湖水清澈，闪闪发亮。河网密布，栎林葱茏，为这些

扎龙保护区的丹顶鹤

稀有和濒危的丹顶鹤及200多种水禽，提供了极好的栖息地和美丽的庇护地，也提供了丰富、取之不尽的养料。但是，这里不利于野兽的生存，因此，这里没有野兽。扎龙自然保护区是丹顶鹤的家园，中国9种鹤中的有6种就生活在这里。其中最美丽和最著名的，是优美的丹顶鹤。它在这里有着非常庞大的种群，这里集中着中国数量最多的丹顶鹤。

除了主要保护丹顶鹤以外，这里还有其他5种季节性的鹤类。这5种鹤是白鹤、灰鹤、白枕鹤、闺秀鹤和白头鹤，这里大部分的鹤类，都是中国国家重点保护的一类或二类动物，都受到了十分精心的照料和保护。保护区的职责是，尽一切可能给予照顾。它们在这里逗留期间，通常是每年的4月～10月，在这期间会受到极为良好的保护，尽可能不让它们受到干扰。连这个保护区的工作人员，除了对鹤蛋和幼鹤进行特别照顾以外，平时都不进入繁殖区。

要想看到丹顶鹤和保护区的全貌，最佳的选择是站在扎龙自然保护区办公楼顶的平台上，通过望远镜俯瞰周围的沼泽地，从这里可以看到一些野生动物。或者乘独木

站立在湖边的可爱小松鼠

船，在水上游览。最感人的景象，是观望春季和秋季鸟的迁徙。一群一群的鹤，在蔚蓝的天空飞翔，很像一团团的白云，在天空飘荡。

由于许多低矮的植物，在沼泽地上匍匐而生、遮盖着大多数大大小小的动物，所以，匆匆一瞥，可能看不到动物的影迹。但是，如果你留神细听，就会发现你周围的动物世界。鹤、青蛙、鸟和昆虫齐声歌唱，水无休止地为它们伴奏。鱼在湖里，偶尔跳出水面。数百只水禽，聚集在池塘或湖边吃食。有些鸟跳进湖里捕鱼，或者在湖旁晾干它们的翅膀，有些鸟，噙着捕到的鱼，在空中拍打着翅膀，然后，将整个鱼吞下肚去。有些鸟在沼泽地上逍遥自在地走动，寻找昆虫，麻雀、啄木鸟和其他许多小鸟，在树林中叽叽喳喳。

芦苇和苔草生长茂盛，占许多茂盛植物中的大多数。它们生长于四面八方，伸展到遥远的天边。它们的颜色随着变幻的阳光、云团和季节而变化：刚长出时，一片翠绿；生长较老时，变成了黄色；然后，由于白天缩短，又换成了褐色。风从其顶梢上一扫而过，它们随风飘动。清澈透亮的水，在其周围旋转时，它们的茎秆，不摇不摆。顶端带着绒毛的芦苇，高达1米～3米，茂密葱郁，苍劲挺拔，伸向天空。

清澈平静的湖水，清晰地倒映着高出水面的树木和芦苇。引人注意的塔头甸子，是密实的团块，它们由植物的碎片积累而成，上面长满野草，主要是苔草，周围清水环绕，从沼泽地面川堡起，密密麻麻，在东北淡水沼泽地上，创造出一种奇特而普遍的景色。夏季，沼泽地上开满了野花，紫色、白色、蓝色、鲜红色和金色的野花，构成一幅色彩缤纷的景象。

扎龙自然保护区实际上是一个国家野生动物庇护地，它对旅游参观和娱乐活动的限制多于一般保护区的限制。但是，这些限制却对保护这里的鹤类有利。这个动物庇护地不太拥挤，游人很少，意味着对动物的干扰也少，垃圾和其他人类的活动也较少。

扎龙自然保护区是鹤类最大的庇护地，是中国保护和繁殖鹤类的中心。自1979年这个保护区建立以来，在这里开展了一些关于人工饲养丹顶鹤的科学试验项目，并取得了一些成果，经过人工驯养的丹顶鹤，现在可以自己去到野外，而且，在饲养员发出特别的叫声以后，能够自己返回它们的喂养地，就像家禽一样。一只丹顶鹤可能意外地丢失几天，但是，它能找到返回家园的路线，自己回来。这与过去丢失的丹顶鹤要由人经过数天的寻找并将其带回来，有了很大的不同。扎龙自然保护区为丹顶鹤提供了宁静隐蔽的交配地。此外，扎龙自然保护区还为研究沼泽地和湿地生态系统，提供了极好的基地。

二、丰林自然保护区

1. 红松的故乡

从中国东北黑龙江省伊春市乘坐火车，可以方便地到达丰林自然保护区的所在地——伊春市五营区。这个保护区，山峦雄伟，巨树参天，自然景观独特壮丽。它依山傍水，背靠海拔285米～580米的低山，三面河流环绕，面积184平方千米，从东到西长达18千米，从南到北宽14千米，以其美丽的原始红松林闻名于世。

红松是松属植物中较为古老的一个分支，是中国东北部的乡土树种。它在小兴安岭、长白山、老爷岭、张广才岭和完达山的低山坡及中山坡上生长茂盛，也蔓延到俄国远东地区的黑龙江和乌苏里江流域的大盆地，以及朝鲜和日本北部。但是，我国的长白山和小兴安岭是其分布的中心。

红松是一种常绿针叶树。它十分珍贵，不仅因为它是一种稀有的孑遗植物，而且，因为它树干通直粗大，能生产优质木材。它圆柱形的树干高大挺拔，高耸入云。其树龄可长达500年，树高可达40米以上，直径可达到1.5米。丰林自然保护区里的红松树，树龄多为200年～500年，一般高度为30米～40米，直径为1米左右。

红松浑身是宝，具有许多极好的特性。其木材较软，强度大，耐腐性强，重量轻，纹理通直，抗水性良好，不翘不裂，易于干燥，容易加工。它是中国最受人喜爱的木材之一，适合做大梁、门窗框、家具、生活用具、矿柱、乐器和运动器具。红松木材，颜色美观，用于装饰无须染色涂漆。其木材握钉力强，容易黏结，只用最小的力气，就可将木材加工成各种形状。用这种良好的优质木材，可做出各种各样的礼品，既实用，又美观。红松的树干含有丰富的松脂，是松香和松节油的宝贵原料，还能抗腐朽，抵抗白蚁等害虫。由于这种木材耐腐性强，所以用途更广。第一次可用很多年，然后，回收回来，改做成别的东西，还能用若干年。用它的木材做围墙、葡萄架、水槽和地窖等，比用其他木材制作的这些东西，使用年限长许多年，因此，无数的地方都用红松木材修造水坝、灌溉流水槽、流水管、盖屋板、桥梁、支架以及露天运动场周围的看台等户外建筑物。

红松的果仁营养极高，含有很高的蛋白质和70%的油脂，既可食用，也可用于工业。树皮可提炼单宁，针叶可提炼出松针油。也可用于化妆品和健康用品制造工业，如制造牙膏和肥皂等。

红松的树皮在制材厂剥下来以后，有几百种用途。磨碎或切碎的树皮，可作防热、防冷和隔音的绝缘材料，用于家庭、工业和冷藏

红松的故乡

生长茂密的红松林

设备，还可作为包装材料、混合肥料、盆景的垫盆品、污水处理厂的过滤物质等，具有多种用途。

剩余的树皮碎片，可磨成片屑，铺于花园和院子里；或制成硬纸板，用于建筑；还可制成纸浆，用于制造纸张制品；甚至可将其木屑压缩成干柴，作为制造营火和烧烤食品的燃料。在最近几十年中，由于大片大片的原始红松林在采伐过程中遭到破坏，被用于工业、农业和建筑业。这种茁壮而有用的树种在中国已经迅速地减少了。过量采伐，是对红松林最大的危害。此外，还有其他的威胁，主要是森林火灾和森林害虫，特别是松毛虫的危害。因此，建立自然保护区，保护种原始红松林及其遗传资源，就是极为迫切的任务了。丰林自然保护区建立于1958年，是中国第一个也是最重要的原始红松林自然保护区，其目的在于保护原始红松林，开展科学研究、教学和娱乐活动。由于红松具有广泛的适应性、产量高及用途广泛的特性，它也是营造人工林很好的树种。

2．丰富的植物群落

丰林自然保护区拥有568种野生植物。这里的森林，不是只有红松树，没有其他树种，而是红松占优势，约占80%以上。同时，红松占据着这里森林的最上层和最好的位置，享受着这一地区极为优越的自然条件。它与其他十多种树木，包括鱼鳞云杉、红皮云杉和臭冷杉等针叶树，以及紫椴、糠椴、水曲柳、桦树、黄檗、裂叶榆、胡桃楸、大青杨和香杨等阔叶树，共同居于森林的最上层。这些树木的大部分，都有很高的经济价值和广泛的用途。

在这片阴暗高耸的森林里，在高大的树木之中，红松到处都占着压倒性的数量优势。它们雄伟壮丽，生长茂密。粗大的褐色树干，到处巍然屹立。这种非常巨大的树木，高于这里的其他树木。其通直的树干，高耸挺拔，直指苍穹，使得从下面翘首观望的人，显得十分矮小。它们的树枝，似乎摩天擦云。它们纤细的针叶，互相交织，构成巨大的华盖，遮天蔽日。这个穹形的华盖，使阳光变成一道道金色的光柱，分裂成斑斑的光点，在林地上闪烁跳动。由高大树木构成的摩天森林，很像一所大教堂。但这所大教堂不是用石头垒砌而成，而是用活的木墙建筑而成；它的顶棚，不是排列着手刻的椽木，而是开阔的天空；它的窗户，不是有色玻璃镶嵌而成，而是花边状的绿叶高悬其上。站在这片森林的深处，享受和欣赏这片遥远、壮丽的红松林的宁静，你会感到置身于一个宁静幽寂、幽暗阴凉的世界中，只有树顶上飒飒的风声和鸟儿的歌声，打破这森林里的静寂。置身于这片幽静的森林里，你会很快忘记外界的嘈杂。在海拔较低的地方，与红松混合生长的阔叶树，为大量森林副产品的生长提供了极好的条件。许多稀有的蘑菇和其他菌类植物遍布于林木和小径旁，或在杨树、桦树和榆树干上生长繁茂。在生长季节开始不久，它们就已长成。在这些林副产品中，黑木耳和椴树蜜都是味道鲜美、营养丰富的副食品，在中国和全世界都十分有名。茂密的森林华盖，为许多灌木提供了阴凉的生长环境。有20种灌木在林地中占优势，其中毛榛最为突出。它是一种可以吃的小榛子，含有丰富的淀粉。刺五加是另一种灌木，具有药用和经济价值，对神经衰弱、性功能衰退、失眠、消化不良和其他疾病引起的身体虚弱具有疗效，其种子油是制造肥皂的原料。暴马丁香是中低山坡上最显眼的灌木，其花香气浓郁，是制造芳香油的好原料。

这里的林地上地被植物丰富。青草茵茵，苔藓和蕨类植物生长茂盛，覆盖着潮湿的林地。春季和夏季，森林鲜嫩翠绿，新鲜的空气里，洋溢着野花和松脂的香味。厚厚的腐殖质，种类繁多的野花开遍林地。耐阴的野花在森林里竞相开放，争奇斗艳。

林地上覆盖着厚厚的针叶和腐殖质，软绵绵，有弹性，营养丰富。落在林地上肥沃土壤中的大量松子，透过林地上已经积累了数百年的枯枝层生根发芽。虽然林地上阳光很少，但在母树周围还是长出了大量的红松幼树。这些红松幼树能在这里生长，但它们在与高大的树木激烈争夺极为重要的阳光和水分中，竞争不过高大的树木，因而，它们中的大部分不能长成大树。

丰林自然保护区的春天十分迷人。春末夏初，大量野花溢香吐艳，将保护区装饰得色彩缤纷。大片大片的迎春花，在向阳的山坡上率先开放，金黄灿烂，鲜艳夺目。接着，粉红色的杜鹃花，在高大的松树周围遍地盛开，使林地上阴暗的绿色，变得靓丽。一丛丛山百合花、桃花和梨花，开遍山边和河岸，色彩斑斓。

夏季特别讨人喜爱。在河里游泳，在河边晒日光浴，吸引着大量游人。最近的一条河流，夏季水浅，适合孩子们泡在水中戏水。这里环境幽雅，气候宜人。即使最拥挤时，也能使人产生宁静感。

秋叶的色彩，将绿色的群山，染成一块块艳丽的颜色。金黄色的桦树叶、山杨叶和栎树，鲜红的槭树叶，色彩鲜艳，十分显眼。一条林道伸向森林深处，通向宁静幽深的世界。野餐地和野营地掩映在山边路旁、浓荫翠盖之间，可眺望下面的河流。这里绮丽迷人的景色和十分丰富的野生动物，使丰林自然保护区成为中国东北部人们最喜爱的度假地之一。

3. 有趣的动物

这里茂盛的森林，不仅为丰

富的植物提供了极好的生长环境，也为272种野生动物提供良好的家园。这些野生动物中，马鹿占野兽的大多数，与棕熊、黑熊、梅花鹿、狍子、猞猁、野猪等野兽共同栖息在这里。这里有220种鸟，其中主要的鸟有榛鸡、斑翅山鹑、杜鹃、鸸鸟等。还有松鼠、林姬鼠和田鼠等十多种啮齿类动物以及404种昆虫。在温暖的季节里，在森林里漫步游逛，可以看到许多鸟和其他动物。野兔、野猪和其他小动物，来来去去，在森林里游荡。獾摇摇摆摆，走过灌木。狐狸沿着丛林，嗅来嗅去，它那勺子似的耳朵不停地转动，探测危险的声音，在隐蔽的地方跑进跑出，发出嚓嚓的声音。到了夏季，彩色的蝴蝶到处可见。啄木鸟在森林里用嘴敲击树木，常可听到。

在这里，经常可以看到松鼠和土拨鼠，特别是在春季和夏季里。松鼠机警而敏捷，是嚼食松树果球的能手。当它在高大的松树上滑行时，能从高处扔下松树果球，猛击游人的脑袋。当它想出花招，用最好的办法窥探游人，或从游人身边跑开时，总是将其尾巴往左右不停地摆动，到处跳跳蹦蹦。

经常可以看到鹿在布满野花的草甸上平静地吃草，时而漫步走过森林，时而沿着小径悠然游荡。面对游人，它已习惯，但毕竟未经驯化，因此，尽量与其保持距离，保证你的安全，也让它们无拘无束，自由游荡。

黑熊是一种胆怯而又躲躲闪闪的动物，有时出现在森林里，在倒树上抓树皮，或在草丛中游荡，寻找食物。只有当它闻到垃圾箱里有游人吃剩的食物时，它才跑到娱乐

黑熊

区的房舍和野营帐篷周围，搜索一番。对许多游人来说，看到黑熊是游览丰林自然保护区最精彩的事。然而，这里所有的黑熊都可能对人构成威胁。

有几个关于黑熊的故事，听起来既有趣又惊人。一天半夜，正在帐篷里酣睡的野营者，被吓人的“砰”的一声惊醒过来。他们打开手电筒，环视帐篷，天哪！原来是一只黑熊，将桌上的一个饭盒扒拉到地上，正在津津有味地吃着饭盒里的饭。野营者朝黑熊大声喊叫。但那只黑熊不理不睬，直到吃光了饭盒里的饭以后，才慢条斯理地走出了帐篷。

一个冬天的下午，锯木厂的几位工人，将一棵粗大的红松树干推进了锯床。当第一锯刚刚锯进那棵树干时，一只母黑熊怀里抱着一只小黑熊，从那空心的树干里跳了出来。

另一个冬天，一列火车从黑龙江省拉着原条木材，历时数天，行程数千千米，到达了河南省的一个城市。工人们将粗大的原条木从火车上往下卸。当一棵粗大的原条木落在地上时，“砰”的一声巨响，一只黑熊从一棵空树干里翻滚而出。看到黑熊从树干里跑出来，所有在场的人都大吃一惊。他们都不知道，为什么黑熊与树干一同来到了这里。原来发生这些怪事的秘密在于，黑熊会从每年10月到第二年3月或4月，冬眠数月。在冬眠期

寻觅食物的黑熊

间，它不吃不喝也不动。因为它在冬眠前已经吃得很饱，其身体里已为冬眠贮存了充足的脂肪。它喜欢在空树干里或大树下的洞穴里冬眠。在这些地方，它睡得十分香甜，除非砰的一声巨响，或者剧烈的震动，不然没有其他任何东西能使它醒来。

榛鸡是比鹌鹑肥大的一种鸟，既美丽又活泼，是红松林里常见的鸟，在丰林自然保护区里很容易看到。它能轻快地从一棵树上飞到另一棵树上，而且，它的羽毛很美丽，古代曾将这种鸟作为贡品献给皇帝。中国古代的皇帝，曾被当作龙的象征。按照传说，龙是远古时代地球上最强大、最高贵的巨大动物。因此，当地人称这种鸟为“飞龙”。然而，人们赋予这种鸟的这种荣誉，却给这种可爱的鸟带来了厄运：在官方保护的同时，它也被猎人非法猎杀，在国内外市场上高价出售。

4．夜雨与黄雨

丰林自然保护区里，有两种自然景象，使初来的游人迷惑不解。每到6月下旬，这个地区就降黄雨。原来这是因为红松的雄花和雌花生长在同一棵红松树上，无数的雌花长在树梢上，而无数的雄花长在雌花的下面。到了6月下旬，盛开的雄花释放出大量的花粉，形成一团团金色的黄云，飘荡到树冠上去，与雌花结合。飘浮的花粉像烟雾或云雾一样，弥漫在森林的上空，被雨水冲击而下，将雨水染成了黄色，变成黄雨，降落下来。雨水从地面流入河流，因此，6月下旬，这个地区所有的水都黄黄亮亮，好像橘汁。正是这些巨大而密集的红松树上的金黄色花粉，制造了奇特的黄雨。

在美丽的夜晚，明月高挂，天空晴朗。丰林自然保护区以外的地方都没有雨，但丰林自然保护区里，却细雨霏霏，下个不停。为什么会出现这种情况？原来这是因为每一棵红松树，实际上可以说是一个小水库。它通过发达的根系，从林地上吸收水分，也将水蒸气蒸发到空中去。到了夜晚，森林里气温下降、空气变凉时，水蒸气就变成了细雨降落下来。于是这些巨大而密集的红松树，就制造出了独特的夜雨。

在一座最高的山顶上，屹立着一座40米高的瞭望塔。站在塔上俯视四周，群山环抱，重峦叠翠。山峦起伏，绿林密布。林海苍茫，绿波浩荡，伸向天际。山清水秀，景色旖旎，令人陶醉，使人感到置身于一个幽静清新的世界，精神松弛，心旷神怡。

为了保护这里十分珍贵的自然遗产——原始红松林及其包含的自然遗产资源，丰林自然保护区的保护工作者采取了各种可能做到的办法，包括开展教育项目、制定严格的规章制度和建立基本设施。“护林防火，人人有责”“保护森林有功者受奖，破坏森林者受罚”“保护区里严禁吸烟”等许多醒目的大标语到处可见。在干旱季节里，每个进入保护区的人，都必须在保护区入口接受检查，不许带火柴、打火机或其他容易引起火灾的东西进入保护区内。当刮起大风、容易引起森林火灾时，保护区内和保护区周围的居民，都会受到警告，不许在室外甚至室内用火。长期不懈的努力，赢得了数十年中没有发生森林火灾的良好成果。

三、五大连池自然保护区

1. 天然博物馆

五大连池自然保护区位于中国东北黑龙江省五大连池市，面积为700平方千米，是一个十分有趣的地方。这里拥有中国东北部火山带中最大的火山集中地，具有中国最独特而且最吸引人的火山景观。

这个保护区位于一片辽阔的、保存完整的火山熔岩台地上。因为在白河中，有五个相互连接、形如串珠的湖泊而得名。这五个湖泊，是在200多年前，即1719年～1721年之间，这里发生的火山爆发过程中，由随着熔岩滚滚而下的大量碎石堵塞河道而形成的堰塞湖。这五个平静的湖泊，表面看来，似乎各自独立，互不相连，但是，实际上它们的下面相互连接着。这些湖泊，镶嵌在许多火山锥之间，从北部延伸到南部，其大小各不相同。最大的一个湖，面积为8.2平方千米，水深10米。这些明镜般的湖泊，极为清晰地倒映着湖上的蓝天及其周围的火山锥，使大自然的美景重现于湖中。

冬季的五大连池自然保护区

过去的火山爆发，在这里筑起了14座65米～160米高的火山锥，屹立于浩瀚无垠的熔岩台地之上，巍峨壮丽，景色奇特。这片台地，是由巨大的熔岩床构成，从东到西，延伸长36千米；从南到北，宽25千米，面积600平方千米，是一片令人触目惊心的荒凉之地。根据科学调查，在这14座火山锥中，最外边的12座火山锥，其地质结构最为古老，是在第四纪的更新世之后形成的。这些火山锥拔地而起，形态各异，有的颇像蘑菇，有的酷似笔架……

在这些火山锥之间，分布着五个湖泊，将14座火山锥分隔成两组。尾山、莫拉布山、西龙门山、东龙门山、小孤山、东焦得布山和西焦得布山屹立在东部。火烧山、老黑山、笔架山、卧虎山、药泉山、北格拉球山和南格拉球山，屹立在西部，老黑山海拔515.5米，基部直径1600米，峰内深度达136米。火烧山海拔392.6米，基部直径800米，峰内深度达63米。从空中俯视，这14座火山锥，很像在棋盘上安排好的棋子。

2. 丰富的矿物资源

五大连池自然保护区

五大连池自然保护区拥有一个温泉网。包括嘶嘶作响、不断喷出蒸气、滚烫的温泉和巨大的泥塘，以及矿泉或者叫蒸气泉。这些温泉，特征显著。其热量来自地下池塘和岩浆小河，一年四季，泉水常热。即使在漫长的冬季，冰雪覆盖大地时，这些温泉仍然热气腾腾。从温泉里冒出来的热气，遇到寒冷，很快冷却，形成细长的霜条，挂满其周围光秃秃的树枝，展现出奇特的冬景，在别处无法看到。热水湍流的小河和小溪，散发着硫黄的气味，使其两岸的雪块立即融化。

大量的温泉及南泉、北泉、翻花泉等，都主要分布在药泉山的山脚下。从这些温泉里流出的热水，水温高达摄氏50多度，水中含有多种化学成分。由于这些温泉水对皮肤病、风湿病、消化不良、高血压、低血压和眼疾具有疗效，所以，已经使用了数百年。许多公共浴池、饭店、旅店和疗养院，分布在这个地区，接待着来自本省和邻近各省不断增加的游人，这里的矿泉水、天然苏打水，汩汩而流，是有益健康的软饮料，含有十多种人体不可缺少的微量元素。

五大连池自然保护区具有丰富的矿物资源。根据调查，在这个600平方千米的地区里，蕴藏着100多亿吨的火山熔岩，为水泥工业和以水泥为原料的工业，提供着极好的原料，也提供理想的建筑材料。从火山熔岩中可以加工出矿渣绒，是极好的保温和铸型材料，也是钢材代用品。火山砾和轻石，都已用于建筑工业。湖边的沙滩上，点缀着大量的轻石，或者叫作海滩石。它们轻如鸿毛，稍微用力，即可将一块西瓜大的轻石，扔到空中。

提起火山爆发，很容易使人联想到它恐怖的灾害景象和巨大的破坏力。但这只是火山爆发的一个方面。实际上，火山爆发具有破坏

火山熔岩提供了丰富的矿物质

和再生两个方面的作用。可怕的破坏转瞬即逝。当火山在山顶上喷腾而起时，将一团团的蒸气和烟灰喷向高空，同时，炽热通红的熔岩从山中迸发出来，迅猛地顺着山坡滚滚而下，将沿途的一切东西都变成灰烬、化为乌有。霎时之间，郁郁葱葱、生机勃勃的土地，变得石块密布并出现死一般的沉寂。熔岩所到之处，许多山岭被夷为平地，许多湖泊也随之出现。然而，随着熔岩的滚滚流动，喷射出来的许多物质，使土地比火山爆发前更加肥沃，更富于生命力。因为，只要融化了的熔岩凝固成岩石，风雨和雪就立即开始腐蚀这些岩石，将岩石的碎片磨得粉碎，变成大量富含氮质的微粒。在这些微粒上，植物扎根生长，新的生命开始出现，大地又苍翠葱郁、绿意盎然了。森林和其他植被，在这14座火山锥上，很快生长起来。这里的植物，大约有500种。其中最常见、数量最多的树木，是落叶松、黑桦、杨树、栎树、椴树、核桃树、榆树、红皮云杉和红松。这些树木构成了美丽的针阔叶混交林。

有20多种野生动物栖息在这里，包括獾、水獭、貉、马鹿和狍子等。还有将近100种鸟、20多种水生植物和浮游生物，以及20多种淡水鱼在这里繁衍生息。

过去的火山贵迹地上许多独特的奇景、大量的温泉，加上来这里游览十分方便的交通，使五大连池自然保护区成为一个十分著名的风景区和温泉疗养地，每年吸引着元数游人来这里游览。

3．壮观的火山痕迹

过去的火山爆发，在这里留下了丰富的火山遗迹。这些遗迹，都是大自然的精雕细刻，形象独特，景观迷人。

石龙：是17千米长的一条熔岩床，由过去熔化了的熔岩和火山碎石组成，是老黑山和火烧山火山爆发中的熔岩沿着白河河道向南奔流时留下的遗迹。它很像一条黑色巨大的卧龙，蜿蜒起伏，气势磅礴，所以，被称为“石龙”，是五大连池自然保护区里最显著的形象之一。熔化了的熔岩，在其流动过程中，受温度、气浪、黏度和其他因素的影响，凝固后形成了形状各异、面积很小的地貌。有的形如几米到20米，甚至30米长的大蟒蛇；有的好像盘绕弯曲的石头绳；有的颇像圆木；有的形似象鼻子，从高地上伸向下面的山洞，似乎在找水；有的状如4米～5米长、奔流而下的瀑布；还有的酷似面包，高出地面20厘米～50厘米，直径0.5米～1.5米等。

火山爆发岩浆奔流的情景

奇形怪状的岩石海：或者叫作波涛汹涌的熔岩，是一片一望无际的荒野，覆盖着厚厚的、一层又一层的熔岩，形如石海。这片岩石海，是在岩石流动过程中，受到内层岩浆的突然推动而形成的，而其表层受到猛烈的搅动，形成了滚滚翻腾的波浪。这片石海上，覆盖着无数奇形怪状、混乱堆积的黑色岩石，起伏不平，浩浩荡荡。这些奇形怪状的岩石十分锐利，能将游人的鞋子割破，甚至扎进肉里。因此，最好不要靠近观看。看到这片黑岩石的海洋，你会感到，似乎置

明镜湖

身于一个没有生命、条件恶劣、令人生畏的世界里。

喇叭形的岩石：分布于喷气孔周围，看起来很像喇叭花，一般直径1米～3米。这些岩石，是在熔岩和碎石连续不断地从喷气孔里喷射出来的时候，降落在喷气孔周围，一层一层堆积起来，然后，凝固于喷气孔周围，形成喷气锥。这里有数百座这样的喷气锥，一般2.5米～3.5米高。

水帘洞和仙女洞：分布于老黑山的北部，延伸200米～300米长，2米～10米宽，它们是宽阔的地下通道，其中大道上布满钟乳石。这些钟乳石，是在表面的熔岩已经冷却，而其下层的熔岩仍然炽热翻滚时形成的。洞内怪石林立，宛如神秘的迷宫。如果游人在其中独自游览，就会迷失方向，在洞里迷路。

火山爆发也制造了其他一些奇形怪状的景象。火山弹、火山球、纺锤、麻花、梨形和扁平圆形的蛋糕等，形象逼真，惟妙惟肖。火山爆发还创造了茫茫无边的火山砾。每粒火山砾，直径不到两厘米。人们将这片火山砾叫作“沙海”或“沙滩”。这些火山砾，是由烧焦了的熔岩残渣构成的。在火山爆发过程中，它们随着滚烫的气流升入空中，然后跌落到地面上，形成了“黑色的沙子”。

四、镜泊湖自然保护区

1．明镜似的湖泊

镜泊湖自然保护区，位于海拔350米处，是中国著名自然美景区之一，以其浩瀚的、明镜似的湖泊和独特的火山口森林而驰名。

镜泊湖的湖水，来自中国东北的大河之一——牡丹江。平静如镜的镜泊湖，坐落在一个火山区，由第四纪发生在这里的火山熔岩堰塞而成。这里7个相互连接、大小不同的湖泊，就是这样形成的。这7个湖泊，总共长达46千米，最宽处达6千米，最窄处只有2千米宽，总面积将近100平方千米。湖水的深度，在不同的地方，各不相同。湖的南部，湖水只有几米深，是这个湖最浅的部分。而其北部，湖水达62米深，是湖水最深的部分。平均水深达40米～50米。

这个保护区位于黑龙江省，靠近牡丹江市。夏季，湖区气候凉爽宜人。白天气温不超过32℃，夜间气温为18℃左右。由于这里交通方便，景色优美，这个保护区是一个很受欢迎的避暑地，每年夏季吸引着众多游人。

碧澄深邃的湖水，沿着峡谷蜿蜒而流。湖周围山峦起伏，重峦叠翠，覆盖着茂密的针阔叶混交次生林。其主要树种有松树、云杉、冷杉、白蜡树、桦树、槭树、栎树、榆树、柳树和杨树。树木花草，郁郁葱葱。湖周围笼罩着茂密的树叶，使湖水不易蒸发。弯弯曲曲的小径，穿过森林，通向深幽。森林遮天蔽日，隔绝噪音，使这里弥漫着另一个世界的气氛。宁静的林中，只听到鸟儿在唱歌。

湖光山色，融为一体。几条瀑布从山顶奔泻而下，倾入湖中。明镜般的湖水倒映着湖旁密林覆盖的山峦，构成山上有水、水中有山的景象，美如仙境。碧绿色的湖水好像宝石一样，沿着峡谷闪闪发亮。狭长的景色，一片静寂。洁净的湖水，适合荡舟。湖两岸景色各异，值得驻足观赏。从春末到早秋，有游船往返湖上。除了美丽的湖景，还可以欣赏到瀑布和野花。野生动物，也经常在这里出没。

镜泊湖里鱼类丰富，共有40多种，最有名的是鲫鱼。湖水十分清澈，数米水下，大量鱼群清晰可见。白色或灰色的薄云悬在湖上，或从湖上漂浮而过，给镜泊湖增添了不少魅力，使湖色更加迷人。

春季，一些早开的野花，透过山上的青草，竞相开放，溢香吐艳。夏季，百花盛开，五彩缤纷。大量金色、黄色和红色的野花，铺满湖旁。山峦上也野花密布，花香弥漫。到了6月中旬，火红的杜鹃花使山峦靓丽起来。阴凉的小径沿湖伸展，吸引着大量的游人，也为野餐者提供了舒适的野餐地。秋季的景色，绚丽灿烂。山杨、桦树和柳树金黄色的叶子及槭树鲜红色的叶子，点缀在针叶树的常绿色之中。继夏季山峦苍翠之后，秋季色彩斑斓的秋叶和蔚蓝色的天空，都倒映在平静的湖水之中。茂盛的树木、灌木和浆果蔓藤上，结满了野葡萄、野梨、苹果和榛子，都已成熟，等待人们和动物采摘。湖旁浓荫遮蔽的林地上，覆盖着茂密的蕨类植物和其他植物。人参、华黄芪和刺五加等大量的药草，黑木耳、猴头菌和各种蘑菇及各种可供食用的植物，都在这里茂盛生长。冬季的冰雪，将这里多彩多姿、绿意盎然的景色，变成了白色的奇境。

湖上幽寂静谧，只有树顶上飕飕的风声和鸟的歌声，打破这片静寂。鸟和动物来来去去，随时可见。丹顶鹤、野鸡、野鸭、水獭、黑貂、马鹿、猞猁和黑熊，有的来湖上漂游，有的在阴凉的湖岸上游荡。在湖边的小径上独自步行漫游，或者溜溜达达，沿着小径登上高处，你会看到狭长的湖景。俯视山下的景色，眺望静寂的湖水，你会感到从日常琐事中解脱了出来，忘记了外面世界的嘈杂。

2. 风景区和历史遗迹

湖的周围，分布着8个风景区和历史遗迹，给你在镜泊湖自然保护区里愉快的游览增添更多的乐趣。

在湖北面的出口处，有一股12米高的大水，从一座悬崖上奔泻而下，分散成宽200米、高20米的瀑布，落入数十米深的水潭，飘起团团白雾，涌起飞溅的水花，闪闪发亮，十分壮观，好像一条壮丽的薄纱，悬挂在巨大的高楼上。因此，人们将这条瀑布称作吊水楼瀑布。雷鸣般的水声在山谷间回响，数十里之外都可听到，形成东北部一个自然奇迹。

珍珠门：是由湖中的两座小山构成的，很像一座天然的大门，周围喷洒着珍珠般的水花。

白石砬子崖：是一座陡峭的悬崖，屹立于湖边，插入湖水，景色如画。

小孤山和大孤山：是露出水面的两座小山，山上树木葱茏，很像两个盆景，在碧湖和青山的衬托下，景色雅致。

熔岩洞：洞中有各种形象，任人浮想联翩。

道士山：位于镜泊湖南部的湖中，湖畔有九座小山，此起彼伏，伸向湖中。道士山呈圆形，屹立其中，颇像一个大球或者一颗大珍珠。整个景观，很像九条龙，在玩一颗大珍珠，叫作九龙戏珠。

老鸹砬子：是湖中一个小岛，形如一只老鸹，站立湖中。

古渤海国的首都：渤海国是唐代的古国之一，位于镜泊湖自然保护区的东北部。这里有一些古迹，可使游人对这个古国的首都有所了解。古城墙的遗迹，由7米高的花岗岩构成，延伸5千米长。一座石灯塔、一块巨大的柱石和一株大约已生长了500年的古老的榆树等，都使人产生思古忆旧之感。

在风光绮丽、恬静幽雅的地区，许多饭店、别墅、疗养院和旅店掩映在万绿丛中，式样各异，风格别致，是度假的人们十分喜爱的地方。在这里，你可以品尝许多当地的特产，包括这个湖里出产的新鲜鱼、当地生产的蘑菇、野菜和啤酒。

风景如画的湖泊

镜泊湖自然保护区是中国最美的自然景区之一，在我国，占有很重要的地位。

3．火山口里的森林

镜泊湖自然保护区里另一个独特的吸引人的景色，是火山口里的森林，通常称之为“地下森林”。它展示着由过去火山爆发而形成的景观，稀奇古怪，十分广阔。过去火山爆发形成的若干个火山口，大小不同，分布在海拔150米～1000米高的山上。最大的火山口，宽500米，深100多米。所有的火山口都呈深容器状。有的火山口由地下通道连在一起。这些火山口都掩映在山峰上，不易被发现。火山口周围悬崖林立，这些火山口也可叫作百米深坑。从其坑口到坑底，都覆盖着茂密的森林，主要树种有松树、云杉、冷杉和其他阔叶树。这些树木，长满了火山口入口的周围，直到坑底。有些松树高达40米，直径1.5米，树龄超过了500年，在火山口里生长得非常茂盛。火山口里的林地上，布满了大量茂盛的杜鹃花、蔓生植物和灌木。每个火山口，都是一个巨大的黑圆洞。站在这些黑圆洞里，抬头仰望，可看到洞口一片圆形的蓝天。这些黑暗潮湿的火山口，为多种野生动物提供着极好的庇护地。其中主要有狍子、野猪、野兔、梅花鹿、松鼠和豹子。这些动物都通过火山口内及周围悬崖上的森林爬上爬下，有些动物会出现在游人面前。奇怪的是，这些树木在照射到深坑内的阳光如此稀少、条件如此恶劣的情况下，能够生长得如此茂盛。要探索这些密林覆盖的火山口，并非易事。但是，到坑内一游，也是一种值得的冒险。

镜泊湖自然保护区为研究在过去火山爆发的废墟上，天然更新的生态系统以及过去火山爆发形成的独特的地质和地貌，提供了一所广阔的研究基地和室外课堂。这些研究，对火山遗迹地的科学更新和改善都十分有用。这里的一些古庙、巨大的石刻佛像和古代的灯塔，都为研究古代文化提供了珍贵的历史建筑。为此，在这里建立了林场，将这里所有的天然古迹保护了起来，并且，在这里开展了科学研究。

第七章 陕西省的自然保护区

一、太白山自然保护区

1. 一座天然博物馆

太白山自然保护区位于中国西北部陕西省，是秦岭中部的最高峰。秦岭是中国南方和北方之间的一条天然分水岭，黄河流域和长江流域两个辽阔地区之间的主要分界线。这个保护区以其雄伟的山峰、复杂的气候和各种气候带里种类繁多的动植物而著名。在其森林密布、景色壮丽的541.58平方千米的地区里，重峦叠嶂，一望无际，茂密的原始林，茫茫无边。

陕西太白山自然保护区

由于太白山自然保护区是南北方气候之间的一条过渡地带，所以，这里汇集着南方和北方的许多生物。太白山是这个保护区的最高峰，海拔高达3767米，高耸巍峨，气势磅礴，站在太白山上俯视，群山起伏，绿涛汹涌。山上垂直的气候带，产生了复杂的亚热带、暖温带、中温带甚至寒温带的植物。将近2000种植物在这里茁壮成长，其中1700多种植物是种子植物，占秦岭上种子植物总数的60%。许多植物是国家保护的二类或三类植物。太白红杉、连香树、独叶草、杜仲、庙台槭、紫斑牡丹、铁杉和太白杨等十多种树种，是这个保护区的特有种，在其他地方是没有的。这里的1000种植物都具有经济价值。500多种植物是很好的药材，其中特别著名的药材是野棉花和太白人参。太白人参对某些疾病有着特别的疗效。

这里完全处于荒野和原始状态的森林，显示着从低地落叶林到高山冷杉和桦树林天然带的演替。这些森林，包含着四种基本的植物类型，随着不同的海拔高度而有所变化。在海拔770米～1280米之间的温带森林带里，主要树种有栓皮栎、山杨、槭树、柳树、榆树和朴树。

在海拔1500米～2450米之间的山上，是针阔叶混交林带，主要树种有油松、辽东栎和槲栎等。

在海拔2400米～3350米之间的山上，覆盖着针叶林带，主要树种有巴山冷杉和太白红杉。其间也分布着少数云杉、冷杉和竹子。

这里的大部分树木，都高达20米～30米，堪称这个地区的摩天大树。森林深处，阳光和噪音都被遮挡在森林之外，林内阳光暗淡，一片静寂，松香弥漫，鸟鸣声声，洋溢着森林世界的气氛。阴暗潮湿的林地上，布满了茂密的蕨类植物、各种野草和许多奇怪的野花，将林地覆盖得严严实实，没有空地。

海拔3350米以上的山上，为灌丛草甸带。由于气候寒冷，树木已消失。

在这里任何一座高峰上步行漫游，都会穿越多种植被带。这里古老的植物，种类多得惊人。复杂丰富的生物群落，构成了一个辽阔的植物园。

多种类型的自然条件，为种类繁多的野生动物提供着丰富的栖息地。300多种野生动物栖息在这里，包括62种野兽，192种鸟，大量的爬行动物、两栖动物和鱼。其中6种动物，即大熊猫、金丝猴、老虎、羚牛、朱鹮和黑鹳，都是国家保护的一类动物。

不同地理位置上的各种生态系统，哺育着各种各样的动物。狍子、麝鹿、黑熊、野猪、毛冠鹿、鬣羚和青羊，在海拔较低的地方游荡。布谷鸟、长尾山椒鸟、绿背山雀、黄眉柳莺和雀鹛莺，都是这里常见的鸟。在海拔较高的地区，茂密的竹林是大熊猫的家园，成群的金丝猴经常出现。血雉、芦莺、红翅旋壁雀、沼泽山雀和其他许多鸟在林中飞来飞去，一掠而过。在高山灌木林里，只有领岩鹨等很少的动物，能够在这严寒的气候中存活。

在通常的情况下，你可能看到一些动物：鹿在林边吃草；松鼠在旅游区的小旅馆周围跳来跳去；山羊在悬崖上溜达；黑熊夜间在野营地，到处寻食；抬头仰望，可以看到老鹰在山峰上盘旋。

威风八面的老虎

漫山春色

观察一群金丝猴在林中走动，是十分有趣的。几只强壮的公猴，带头的走在这群猴子的前面，而其他强壮的公猴，在猴群里起着卫士的作用。母猴抱着幼猴，走在猴群的中间。一些强壮的公猴跟随并照顾着母猴。

这里不同的海拔高度、不同的气候和不同的地质结构，创造了不断变化的自然景观。在海拔3000多米的高山上，可以看到古代冰川的遗迹。由古代冰川形成的各种奇形怪状的地貌，仍然十分清晰。陡峭的山峰上，起伏的高山之间，分布着河流、湖泊和瀑布，为这里的动植物提供着滋养生命的水源。

在各种垂直气候带里，自然景色复杂而独特，使你在一次景色游中，能够经历四个不同的季节。当山下已是初夏时，山顶上还是隆冬。即使在仲夏，山顶上仍然白雪皑皑。

山前的秦川，辽阔平坦；绿色的田野，伸向天边；大河小河，波光粼粼；小溪渠道，纵横交错；稻麦阡陌相连，堤岸绿柳成荫。村庄里，农舍毗邻。村庄周围，散布着清澈的池塘。成群的鸭子，在池中游动。大多数的池塘里，鱼类很多。稻田环绕，果树连片。夏季和秋季，是收获的季节，麦浪稻波，金色翻滚，稻麦飘香。农民在农田里辛勤地劳动，有说有笑，弥漫着乡村的气息，展现着田园的风光。

来这个保护区一游，你可以欣赏旖旎非凡、多种多样的自然美景。

从5月到8月，从春季到夏季，在暖温的气候带里，野花布满山边，开满低山。春季，粉红色美丽的野花，装饰着这个保护区；夏季，树上果实累累，可以食用。红色和粉红色的野玫瑰花，格外靓丽，空气中洋溢着清新的香气。耐阴的野花，也在森林里色彩斑斓。从春季到仲夏，许多高山植物也鲜花盛开，溢香吐艳。6月下旬，野花开得最美。粉红色的高山杜鹃花，鲜艳夺目，最常看到。

秋季的景色更为别致。松树、云杉和冷杉，四季常青，苍翠蓊郁。杨树、桦树、槭树和栎树的秋叶，色彩缤纷，绚丽斑斓。天气晴朗时，金色的山杨树叶、桦树叶和鲜红的槭树叶之间，点缀着针叶树常青的枝叶，五颜六色，野趣盎然。在华盖的阴凉下悠然漫游，可以听到鸟儿悦耳的歌声。

日出日落，景色迷人。早晨，旭日东升，霞光四射。到了黄昏，日落地平线时，其光辉照遍天空。

高山明珠

本来多彩多姿的云团和青翠的西山，都被落日的反照染成了火一般的朱红，使这个保护区的西边一片通红。站在山顶上观望，壮丽的景色，尽收眼底。

2．高山的明珠

大太白海位于海拔3600米处，周围群峰环绕。它形似碧玉，十分宁静，是中国内陆最高的高山湖泊，平静妩媚，闪闪发亮。数十公顷水晶般的湖水，清澈透亮。湖上的蓝天和飘浮的云彩，周围的山峰和森林，都非常清晰地倒映在湖水之中。湖光山色，相映生辉。

在这里可以看到一件十分有趣的事。由于湖周围的许多小鸟充当义务清洁工，不断地清除湖上的枯枝落叶，所以，湖面总是十分清洁，一片靓丽。无论何时，只要树叶或野草落在了湖面上，一些小鸟就立即用它们的嘴将落叶和野草从湖水上噙走。如果落在湖面上的枝叶太笨重，一只鸟儿噙不动，就会有两只鸟儿飞来，将它共同噙走。

3．保护区的文物与建筑

太白山自然保护区有着丰富多彩的历史。许多古庙，是这个保护区至今保留的历史建筑物。有三座古庙，屹立在八仙台上。八仙台是太白山上最高耸和最壮丽的一片岩石平地，面积大约0.1平方千米。八仙庙是这个地区悬崖上最大的一座古庙，其中，用铁铸成的八仙像，至今保存完好。这座古庙是这个地区清代建造的最后一座古庙。站在这个平台顶上展望周围的世界，心旷神怡，轻松愉快。在明媚的阳光下，站在这座古庙后面，深谷的边缘上，直往下看，另有一番别致景象。

菩萨大殿、斗母宫、明星寺、牧羊寺和文公庙，都坐落在不同的海拔高度上，三面深谷密布，悬崖林立。每一个悬崖都在向人挑战。这些寺庙，掩映在茂密的森林之中，建于不同的时代，显示出不同时代的不同风格。路旁长满蕨类植物的小路，在森林中弯弯曲曲，通向这些幽深静谧之地。沿路登上一些高位景点，可以俯视各种景观。站在高处，举目四望，让人感觉似乎飘浮在茫茫的林海之中。青山起伏，绿浪翻滚，随着缥缈的云影而移动。脚下云雾缭绕，扑朔迷离，如临仙境，仿佛飘于空中。这里大多数寺庙都由和尚经管，向游人提供住宿的简单设备。如果你准备接受更大的挑战，可以攀登更高的山峰，去到更偏僻的森林深处，欣赏与世隔绝的景象。

如果在最高峰上的大庙里住宿过夜，就有机会欣赏这里美丽的夜景。山下的远处，万家灯火，密密麻麻，布满大地，在蒙蒙的薄雾中，半夜闪烁迷离的时候，站在山顶上，似乎置身于万物之上。仰望晴空，繁星密布，格外明亮，仿佛近在咫尺，伸手可及。

迷人的野营地和野餐地，坐落在树荫之下茂盛的植被之中，绿意盎然，空气清新，对城市水泥地已感厌倦的市民，可以到这里来度过周末或假期。这个保护区是很好的避暑地，夏季接待游客数正在不断增长，在这里度过凉爽夏天的客人也越来越多。各种美丽的自然景观，令人陶醉，心旷神怡。

太白山自然保护区蕴藏着丰富的地热资源。大量的温泉，分布区内，是许多人，特别是患有某些疾病的人喜欢去的地方。这些温泉水，含有20多种有助于人体健康的矿物质和微量元素，可以医治风湿病、皮肤病和高血压。最有名的一个温泉叫作“凤凰泉”，里面总是挤满了洗热水浴的人。公共浴室和疗养院，也遍布在温泉周围。

娱乐区的许多设备可供游人昼夜消遣娱乐，娱乐项目包括登高俯瞰、景色游和野餐。钓鱼、步行漫游、骑马游览、观日出日落和观鸟，都是夏季游人可以参加的项目。秋季旅游爱好者可观赏色彩靓丽的秋叶。冬季，游人可乘雪上汽车游览，还可在这里滑雪。

太白山自然保护区是中国西北部最引人注目的保护区之一，也是西北部针阔叶林密布、郁郁葱葱的山区之一。

太白山自然保护区是南北方动植物汇聚的地方，保存着暖温带、温带和寒温带野生动植物最集中的种群。因此，它是一所十分珍贵、十分重要而且最为适用的天然实验室，可供研究不同地理位置上和不同气候带里，种类繁多的野生动植物。它也是研究地理学、地质学和水文学的一个重要研究基地。这里的许多古代建筑，是研究古代文化和古代建筑的珍贵遗产。

二、朱鹮自然保护区

1．世界上最稀有的鸟类之一

朱鹮是东亚特有的一种大型的美丽而高雅的鸟。由于它在当前地球上所有的活鸟中数量最少，所以，在国际上被认为是世界最稀有的鸟类之一，并且已被列入了濒危物种。在1960年召开的第12届国际鸟类保护大会上，它被确定为“国际保护鸟”。

在200多年以前，朱鹮在中国西部和东北部，特别是在中国东北部黑龙江下游，甚至长江流域，俄国、朝鲜和日本，都保持着正常的种群数量。在这些地区，朱鹮及其在松树、杨树和其他高大的树木上筑的窝巢，到处可见。在19世纪早期，中国曾是朱鹮的主要栖息地。在中国西北部陕西省的秦岭，这种鸟曾有过较大的种群。甚至在19世纪30年代，在中国14个省里，都曾有过这种鸟。然而，自从19世纪60年代以来，在中国就看不到这种鸟了；在俄国和朝鲜也已经绝种了。人们曾经以为，这种鸟已经在地球上绝种了。可是，1981年，中国科学工作者在西北陕西省洋县发现了7只朱鹮和两处朱鹮筑巢的地方。这里到处是低山、丘陵、缓坡和宽阔的沟谷，栎树、杨树和柳树林密布，郁郁葱葱。小溪和小河在谷底纵横交织，湍湍而流。河流两岸，布满了稻田。

不幸的是，各种不利的条件，特别是由于人口增长和环境污染而引起的人为的干扰，造成了朱鹮天然栖息地的严重破坏，使其栖息地面积大大缩小。到目前为止，在全世界的野外，总共大约只有不到100只朱鹮了；而且，生活在野外的朱鹮，只有在中国西北部陕西省洋县才能看到。数量如此之少，说明这种鸟已经处于绝种的边缘了。因此，现在这种鸟是中国最珍贵稀有的鸟类之一，是国家保护的一类动物。

2．朱鹮的生活习性

朱鹮有白色的身躯，粉红色的翅膀，黑色尖细弯曲的嘴，嘴尖和基部点缀着鲜红色。红色的脑袋上有一撮毛冠，很像野雁。它身长67

厘米～80厘米，体重1.4千克～1.9千克。因为它的脸部、腿部、翅膀的后部和尾羽的下侧都呈朱红色，所以，人们称之为“红鸟”或者“红鹤”。当它飞行时，其有光泽的尾羽，在灿烂的阳光下，发出闪亮的朱红色。这些美丽的特征，使它成为一种令人喜爱的鸟。

朱鹮是一种常住鸟，栖息于秦岭南坡海拔900米～1400米之间的山区，在高大的树上筑巢。它喜欢人烟稀少、不受干扰、安静清洁的环境和稻田密布、小溪及河流交织、没有污染的地区。它的食物比较广泛，包括从浅水里收集来的泥鳅、鱼、蝌蚪、虾、青蛙、螃蟹、河蜗牛和昆虫，有时也吃蚯蚓。这说明，它对栖息地和食物都要经过仔细的选择。

朱鹮实行一夫一妻制。因此，一对朱鹮鸟总是朝夕相处，永不分离。除非其配偶死亡，否则任何一方都不与别的朱鹮交配。每年有月，其颈部和背部出现灰色的羽毛，科学上称之为繁殖毛，标志着这对朱鹮经常交配的开始。它们于早晨六点半到九点半之间，在其窝巢周围的大树枝上，进行交配。每次交配，持续3秒～8秒。它们一年四季都可以交配。但是，主要是在1月～3月之间交配最为频繁。在交配期里，如果有别的鸟侵入朱鹮的窝巢区，这对朱鹮就常常做出假交配状，故意向其入侵者显示它们亲密的感情，暗示入侵者立即离开。

交配之后，这对朱鹮共同分担在一株20多米高的大树上筑巢的任务。它们简单的窝巢，是用栎树的树枝、新鲜的树叶和野草建造而成。每年3月～4月，母鸟只产下一窝蛋，每窝有2月～4个蛋，每隔两天产一个蛋。棕绿色的朱鹮蛋，与鸭蛋一样大，有80克～85克重。

从母鸟产下第一个蛋时开始，这对朱鹮就轮流孵蛋。在28天～30天的孵蛋期里，一只成年朱鹮始终不离开窝巢，除非别的鸟侵入窝巢进行干扰。当其窝巢受到侵扰时，这对朱鹮，包括正在孵蛋的那只朱鹮，都立即起飞，将入侵者赶走。

这对朱鹮还像保姆和哨兵一样，轮流饲养其幼鸟。其中一只朱鹮照料窝巢里的幼鸟；另一只朱鹮去到野外，为幼鸟收集食物。朱鹮用一种奇特的方式喂养其幼鸟。它们将从野外收集来的固体食物，嚼成半消化了的、乳汁状的流食，保存在它们的嗉囊里。当一只朱鹮回到其窝巢时，就张开自己的嘴巴，并将食物从其嗉囊里吐出来，喂其饥饿的幼鸟。幼鸟一只跟着一只，迫不及待地将其小嘴儿伸进老鸟的喉咙里，从老鸟的喉咙里将食物搜索得一干二净。到了30天的时候，幼鸟就能在其窝巢周围的树枝上行走。然后，在45天～50天的饲养期里，跟随其父母去野外觅食。与其父母一起在野外行走15天以后，幼鸟就逐渐地离开父母，去到食物丰富而且有水的平原和丘陵区，独自生活。直到下一个繁殖期，幼鸟才回到其父母的窝巢里来。

朱鹮的一家一般总是居住在自己的窝巢里，但是，它们也与其他朱鹮家庭之间保持联系。这些家庭，在选择窝巢、筑巢、繁殖和幼鸟离开窝巢之前，共同旅游数次，但在孵蛋和饲养期内互不来往。已经长成的朱鹮，在下一个繁殖期里来看望它们的父母。此后，它们就在别处单独居住，不再与其父母一起旅行了。

朱鹮性情温和，所以，它们容易受到猛禽的袭击。这些猛禽偷食朱鹮的鸟蛋和幼鸟，对朱鹮是一种主要的威胁。乌鸦、金猫、豹猫、老鹰、喜鹊和蛇，都常常袭击朱鹮的幼鸟，黄鼠狼也是朱鹮的天敌。

3．对鸟类的照料

在发现了朱鹮之后不久，有关部门就建立了一个朱鹮保护站。

1983年，该保护站升级为自然保护区，尽一切可能保护朱鹮及其栖息地。为此，有关方面颁布了一系列法律、行政和经济法规。朱鹮自然保护区的工作人员对朱鹮进行着夜以继日的密切观察，以便对朱鹮有详细的了解，保证朱鹮绝对安全，不受在地面或者空中暗中窥视它们的动物的袭击。对于偷猎朱鹮的人，也进行监视，并依法给予处分。在朱鹮经常觅食的稻田里，禁止使用杀虫剂和化学肥料。在朱鹮经常活动的地方，禁止开荒、采伐森林和狩猎。冬季是朱鹮严重缺少天然食物的艰难时期，在此期间，朱鹮食物不佳。因此，朱鹮自然保护区的工作人员就将他们从遥远的地方收集来的大量泥鳅和鱼，撒在朱鹮常去觅食的稻田里；还向朱鹮提供人工饲料，使之免受饥饿。朱鹮自然保护区派出的监护人员，一年四季，特别是在繁殖期里，在朱鹮的窝巢下进行监护，防止入侵者袭击朱鹮。在每一个繁殖期里，通过人工饲养和急救措施，营救病弱的幼鸟。这些有效的保护措施将朱鹮从绝种的边缘拯救了回来。

朱鹮自然保护区里山峦起伏，丘陵环绕，森林茂盛，山川秀丽。辽阔的平原上，稻田密布，果园连片，一幢幢农舍点缀其间，构成宁静而美丽的田园风光。春季靓丽的野花，遍地盛开。从10月开始，朱鹮自然保护区里阔叶树的叶子变成了秋色，所有的山边，色彩绚丽，黄色、红色和橘红色，其间点缀着针叶树的深绿色。朱鹮自然保护区及其邻近的地区盛产柑橘。秋季，秋叶将朱鹮自然保护区装饰得五颜六色，空气中洋溢着柑橘的清香味。品尝当地的水果和用保护区里生产的茶叶沏的茶，别有滋味，会使你对这个保护区的游览印象更深。

对朱鹮这种极为稀有的鸟种的保护和繁殖及其生态环境的保护和科学研究，都是非常重要的。由于朱鹮的存活取决于极为美好的栖息地、充足的食物来源、没有疾病的危害，所以，为扩大其种群而进行人工繁殖，保护其生态环境，以扩大和改善朱鹮栖息地，都是目前最重要的研究项目。因为朱鹮自然保护区是朱鹮唯一的天然庇护地，也是中国和全世界研究朱鹮这种濒危鸟种唯一的天然研究基地，所以，朱鹮自然保护区受到国内和国际的高度重视。令人鼓舞的是，1988年和1989年，在朱鹮自然保护区里进行的关于朱鹮的人工繁殖试验，都已取得了成功。

第八章 青海省的自然保护区

鸟岛自然保护区

1. 保护区简介

当你踏上青海湖边，就会看到一片浩瀚的鸟的海洋。青海湖的意思是绿海湖，它是中国内陆最大的咸水湖。鸟岛自然保护区，位于青海省地处偏远而且没有人烟的青藏高原一片浩渺的湖水上，面积为560平方千米。这个保护区是世界上重要的湿地之一，也是世界上卓越的鸟类庇护地之一，受到国际湿地保护公约的保护。

青海湖四面环山，湖上有5个小岛，其中之一叫作鸟岛，屹立于青海湖的西北部，面积为78.5平方千米，延伸长106千米，宽63千米。鸟岛周围，环绕着大片的沼泽地、湿草地和湖泊，人和其他动物难以进入这个岛。但是，它为100多种、10万多只鸟提供了一个与世隔绝、环境幽静、极为良好的栖息和繁殖地。这是中国西部地区鸟群最密集、数量最大的地方。最常见和数量最多的鸟，有10种，包括2300对斑头雁、6500对棕头鸥、数百对渔鸥、500多对鸬鹚、普通燕鸥、黑颈鹤、天鹅、赤麻鸭和其他的鸭，还有麻雀和百灵鸟。前4种鸟最常见到，在这里占绝大多数，占鸟岛上鸟群总数的70%。

1979年，有一种新鸟——大天鹅，来到这个岛上越冬。因为这个岛上的一些天然泉冬天不结冰，而且，冬季的大风将覆盖地面的雪吹走，露出了草地，可供鸟食。因此，大天鹅可以在这里安全愉快地逗留，不受人和天敌以及大量迁徙鸟的干扰。这种有利的栖息地，使这种鸟的数量，已从来到这个岛上

天鹅

第一年的几只，增加到现在的数千只了。

在这里众多的鸟中，黑颈鹤和玉带海雕都是国家重点保护的一类动物，大天鹅和其他一些鸟，都是国家重点保护的二类珍贵鸟。

鸟岛上的鸟不仅数量巨大，而且有着很高的经济价值，以斑头雁为例，其羽毛是冬服优质的填充物，它的绒毛最适合做登山运动员的服装。

由于鸟岛自然保护区具有如此巨大的鸟群，集中了如此众多的鸟，所以，这个保护区已成为鸟的王国。最壮观的景象出现在春季鸟的迁徙期。在此期间，在3月下旬或者4月上旬，大群大群的鸟像连续不断、波涛滚滚的海浪一样，浩浩荡荡从南方飞来，降落到这个岛上。然后，它们筑起密密麻麻的鸟巢，分布在岛上和湖岸上。其景象非常壮观，使旁观者心情激动，在迁徙的高峰期内，来到这个岛上的游人，无论在靠近鸟岛保护区的地方，还是在鸟岛保护区内；无论地面还是天空，都可以看到鸟。所有的悬崖上，都是鸟儿密集；所有的地面上、湖泊里、池塘里和河流里，都是鸟儿密布，形成鸟群铺天盖地、极其美好的景象。

千百万只鸟活跃着鸟岛的气氛。宁静的岛上和湖上都可听到鸟的歌声。它们的歌声，构成一曲大合唱，有时青蛙也插进它们的歌声，这的确很像一场奇妙的音乐会，打破了岛上和整个湖区的寂静。吃饱食以后，许多鸟在天空盘旋，时而向上攀飞，时而向下俯冲，好像表演杂技一样。许多鸟互相追逐，互相嬉戏，同时发出各种响亮和愉快的叫声，似乎它们对栖息在这里兴高采烈。当大群大群的鸟同时从岛上飞起的时候，飞鸟如云，遮天蔽日，飞鸟的行列长达数千米，连绵起伏，延伸到天际。有时，它们只飞行很短的距离，然后又降落在地面上或者水面上，就像一片巨大的地毯，铺盖着大地。

夏季，整个岛上布满了无数大小不同、颜色各异的鸟蛋，有白

可爱的小鸟

色的、黑色的、棕色的、淡蓝色的和带斑点的，鸟蛋如此密布，似乎地面上盖满了五颜六色的圆石块。当雌鸟正在孵蛋时，雄鸟就站在旁边，保护雌鸟。秋季，当它们带着幼鸟飞向南方的时候，数百只鸟为一群，一群接一群，连绵不断。飞鸟如潮，川流不息，形成令人难忘的美景。大量鸟留下的粪便，成为鸟岛上的植物、鸟岛周围的草地和湖周围的农田很好的肥料。

湖周围的沼泽地和湿草地生长着50种草本植物。但是，来自高原上的大陆性气候，使鸟岛成为一个干旱、寒冷和多风的地方，雨量稀少，而且，每天的气温变化很大。冬季漫长，夏季短暂，生长期很短，只能生长一些稀疏的植被。只有少数草本植物和豆科植物能在这种恶劣的自然条件下成活，形成很薄很稀的地被物。贫瘠的土壤和恶劣的气候，使大多数植被生长低矮，都高不过60厘米。在这种情况下，为什么成千上万的鸟将这个岛当作它们喜爱的目的地，每年春季到秋季从南方飞来，聚集在这里？

黑颈鹤

原来是因为青海湖里鱼类非常丰富，对各种大量的鸟来说，是一种巨大的吸引力。来到这里的大多数鸟，都主要以鱼为食。除了斑头雁，即这里四种主要的鸟之一，是主要以植物为食的。

2. 丰产的湖泊

闪闪发亮的青海湖，鱼类极为丰富。湖里只产湟鱼，是这里大部分鸟丰富而美味的食物。据当地人说，湖里的鱼曾经非常丰富，人们在青海湖里捕鱼时，无须使用鱼钩或渔网，只用木棍随意敲打看到的任何一条鱼，便唾手可得。许多鱼跳出湖面，有的鱼被挤得无处容身，只好跳到湖外。然而，非法和过量捕鱼使这里鱼的栖息地不断恶化，因而鱼的数量正在急剧减少。

湖水十分清澈，众多的大鱼仍清晰可见。湖水十分平静，似乎这里是另外一个世界。鸟岛、蓝天和在空中盘旋的鸟群，都十分清晰地映衬在湖水中。在灿烂的阳光下，清澈的湖水闪烁着金色和深绿色，也显现着蔚蓝的天空中飘浮的白云。

自1975年鸟岛保护区建立以来，除了集中主要精力保护鸟类以外，还开展了一些科学研究项目，包括关于青海湖的主要鸟种，特别是斑头雁和渔鸥的研究。为了研究它们迁徙的方式，包括迁徙的时间、路线和范围，研究人员给数千只鸟戴上了鸟环。鸟的数量波动及其生态生物特性，也是研究的题目。在最近几年中，对这里的野生动物和草甸生态系统也进行了研究。这些研究项目，将为未来鸟类资源的保护和利用，提供十分珍贵的科学资料。

由于青海湖里的鱼对鸟岛上的鸟类至关重要，这里鱼的命运已成为一个迫切的、令人担心的问题。现在，通过科学研究，已经找出了一些措施，并且已付诸实践。例如：鱼的人工繁殖。包括人工收集鱼卵、孵化和释放鱼苗，以及改善鱼的栖息地。随着鱼的数量的增长，鸟的数量也正在增加。

鸟岛是世界之宝之一。它十分珍贵，不仅因为它是一个良好的鸟类庇护地，而且也是可供科学研究的一所天然实验室。

第九章 新疆维吾尔自治区的自然保护区

一、阿尔金山自然保护区

1. 原始高原景观

从新疆维吾尔自治区的首府乌鲁木齐乘车出发，经过很长的行程，来到自治区的东南端，茫茫无边的高原，就展现在你的面前。这就是阿尔金山自然保护区，它位于青藏高原北缘，南临西藏，东靠青海省，从塔里木盆地的南部，伸向塔克拉玛干沙漠，总面积为45000公顷，是中国目前最大的自然保护区。其大部分地区，都是浩瀚的沙漠。以古代通商之路而闻名于世的丝绸之路，就经过阿尔金山自然保护区的北部。丝绸之路上的重要城镇——楼兰古镇，也坐落于保护区的东北部。

阿尔金山自然保护区的地形，绝非千篇一律的沙漠地貌，而是具有多种多样、截然不同的各种地貌特征。其中有陡峭嵯峨的高山、白雪盖顶的山峰、深谷、宽谷和浩瀚无垠的沙漠，其间还穿插着石头高原。其大部分地区，一片荒漠，没有人烟。只有其北部很少的沙漠绿洲和肥沃的峡谷，有着稀少的居民和牲畜，占有很小的地区。阿尔金山自然保护区位于辽阔的盆地之中，四面高山环绕，参差不齐，其北部的峡谷高度为3100米，而其西南部最高的木孜塔格峰高达6973米。一般的山脉，海拔5000米～6000米。其中有100多座山

沙漠中的山脉

峰，海拔高度超过5000米，巍峨雄伟，令人敬畏。起伏的沙丘，好像大海中翻滚的海浪，波涛汹涌，巨浪滚滚。茫茫的沙丘中，散布着稀疏的抗旱植物。由稀少的雨水和大风的侵蚀而形成的许多落水洞和洼地，比比皆是。从空中俯瞰，可以看到过去的冰川造成的各种地形。冰碛和冰斗分布在南部的山顶上。有些地方，如卡顿地区，在稀少的降雨之后，成片茂盛的绿色植被成长起来，固定着沙丘。

在地质方面，阿尔金山自然保护区坐落的那片高原，是由地壳隆起而形成的。大约1.2亿年以前的中生代里，印度半岛向北漂移，漂进了欧亚大陆。在第三纪里继续隆起，许多地区从特赛斯海中涌现了出来。阿尔金山自然保护区的所在地，位于高原最北部，是第一批涌现出来的许多地区之一。在大自然的这些变化中，河流冲刷形成了大量的沉积物和冰川发生前沉积的沙砾层。以沙丘形式出现的风成沉积物和风成的大片的地被物，构成了这里普遍的景象。向东南扩展的石灰岩基岩，具有一些喀斯特特征，包括喀斯特岩洞、塔状高地和落水洞。这些特征，可能都是在这些地区上升为目前的海拔高度以前，即大约300万年以前形成的。现在，这个地区的海拔高度达到了5000米。

阿尔金山自然保护区的气候，属大陆性气候，干燥寒冷。气候随着不同的地理位置、海拔高度和植被状况而变化。海拔较低的地方，年平均气温为0℃左右。海拔最低的地方，夏季凉爽。7月典型的日最高气温为7℃～9℃；日最低气温为-2℃～2℃。冬季非常寒冷。强风劲吹，连续不断。不同的海拔高度和地理位置，降雨量也各不相同。海拔最低的地方，年总降雨量估计只有100毫米～200毫米。海拔高度升高，降雨量也随之而增加。可能到海拔5000米～5500米处，即永久的雪线上，植被停止生长的地方，降雨量才不再增加。阿尔金山自然保护区的北部和东北部，由于受塔克拉玛干沙漠气候的影响最大，所以最为干旱。而其南部却比较湿润，其西部比东部稍微干旱。大部分雨水都集中在夏季降落，冬季也有降雪，但并不多。因此，春季和秋季都十分干旱。

“阿尔金”是维吾尔族语，意为“金子”。这是因为，这里陡峭高耸的山峰上，白雪皑皑，蕴藏着丰富的金矿。而且，灿烂的阳光，将这里的山峰染成了金色。

2．有蹄动物的世界

阿尔金山自然保护区虽然大部分地区布满了荒凉的沙漠，但并不是没有生命。季节性的降雨、季节性的河流和融化了的雪水，从山上奔流下来，为这里的沙漠绿洲提供着滋养生命的水源，哺育着种类繁多的野生动植物。最高的喀斯特地形，冰川盖顶的山峰，数十个高山湖泊，辽阔的盆地和数百千米没有人烟的地区，为种类众多的野生动物，提供着天然的乐园。这里的野生动物范围很广，既有很小的鱼、蜥蜴、啮齿动物、狐狸、狼、鼠鼬、貂、草原猫、猞猁、土拨鼠，也有岩羊、北山羊、盘羊以至一些大型动物，例如，雪豹和棕熊等。大约共有14万只有蹄动物栖息在这里。其中最显著的，是大约10万只之多的藏羚、3万多头藏野驴和1万多头野牦牛。它们对这里高原上恶劣的条件都完全适应，而且，其最大的种群集中在这里。因此，阿尔金山自然保护区被叫作有蹄动物的世界。大群大群的动物们，在茂盛的草地上吃草，在沼泽地上游荡，或者在高地上互相追逐的情景，到处可见。在这些种类繁多的野生动物中，有16种动物，包括上述这三种动物，都是最珍贵、最特殊、中国特有的动物，都受到国家的重点保护。此外，有42种鸟，包括最著名的雪鹑、金雕和玉带海雕；250种昆虫，几种爬行动物和两栖动物，也在这里茁壮成长。其中许多动物的颜色与这里的环境融为一体，不易被发现。它们特殊的习性，很适应这里的沙漠高原气候。

藏野驴是这里的大型动物之一，主要栖息在海拔4000米以上的草地上。每个群落通常有100头～300头，甚至500头野驴。现在，春季和夏季，西部的藏野驴越来越多。它在西部下驹，冬季又回到东部去。藏野驴跑得很快。当受惊时，会拼命疾驰，飞奔而去，逃离危险。它喜欢使出全身的力气，飞跑急奔，追逐它们陌生的东西。看到汽车时，出于好奇，便追逐汽车，与汽车赛跑。当汽车一停下来，它就立即跑开了。但是，这并非表示它认输了。相反地，它会召唤一群野驴，从很远的地方飞奔而来，与它一起又和汽车赛跑。周围越来越多的野驴，有70头～80头之多，来参加赛跑。最后，有大约500头野驴，一看到它们与汽车赛跑，也都跑来参加。跑呀跑呀，直到它们跑过汽车数十米，把汽车抛在了后面。这时，它们在汽车前面横冲直撞，然后，才停止奔跑，让汽车走开。接着，它们带着获胜的表情，高高地仰起脑袋。数百头野驴一起奔跑，尘土飞扬，响声震天。这种十分壮观和激动人心的场面，在别处是看不到的。

当地人将藏野驴叫作“野马”，因为它能与家养的马交配，生出杂交的马驹，称为骡子。但是，这种杂交的骡子，虽然也能适应这里草原的条件，而且十分强壮，精力旺盛，但不会繁殖。

野牦牛浑身长满了棕黑色的毛，很厚很长，主要生活在靠近雪线

藏羚羊

的高山上，在阿尔金山自然保护区的南部最常见到。它习惯作季节性的迁徙，冬季，从东部迁到南部；夏季，再迁到西部。在依斜凯帕蒂湖南部的沙丘上，在卡顿和卡尔库卡湖南部的山坡上，常可看到。

野牦牛的身躯十分巨大，十分笨重，所以，当地人将它叫作“巨大的动物”。它比水牛更大，更有力量，也比家牛强壮。一头公野牦牛体重约一吨。野牦牛喜欢成群地活动，通常一群有20头～30头，甚至60头～70头。它坚实的犄角，是它对付天敌和对手的有力武器。在通常的情况下，它不主动向人进攻，当群内的牦牛受到天敌攻击时，公牦牛就保护并协助它所在的那群野牦牛逃跑。如果其天敌仍不停止进攻，它就转过身去，向天敌发起反击。在反击中，它十分凶猛，不屈不挠，力大无比，能将一辆汽车，比如一辆吉普车推翻，并将汽车踩成碎片。冬季是这里所有动物的艰难时期。在冰雪覆盖的高原上，它能用巨大的脑袋将一米多厚的雪刨开，吃雪下的草。野牦牛是家养牦牛的祖先。它的乳汁，人可食用。野牦牛可与家养牛杂交，杂交出来的后代，也能够繁殖。因此，当家养牦牛正在退化的时候，要想使家养牦牛复壮，可能还要靠驯化野牦牛了。

藏羚羊的背部呈棕褐色，腹部为白色。直立的黑茸角，是它对付其对手或者天敌以及自卫的有力武器。藏羚羊常常成群地活动，每群有5只～6只甚至数十只。它主要以野草和野花为食。虽然在依斜凯帕蒂湖和卡顿地区藏羚羊的数量最多，但它遍布于阿尔金山自然保护区。夏季，母藏羚羊去到西部，在那里生出羊羔，冬季又返回东部。藏羚羊是跑得很快、警惕性很高的大型陆生动物之一。它时刻保持警惕，提防危险。当一只藏羚羊受惊时，它小小的尾巴就会不停地摆动，或者与其身体保持垂直。看到天敌时，它小小的尾巴和脖子，都伸直起来，向其伙伴们发出信号，同时，尽快跑开，一跃而起，跳到安全的地方去。

棕熊在阿尔金山自然保护区里到处游荡，但是，在西部更常见到。它们的大多数巢穴筑于山洞之中。它们主要以植物为食，有时也刨开土拨鼠的地洞，吃土拨鼠和一些动物尸体的腐肉。

3．吸引人的自然美

阿尔金山自然保护区具有非常大的吸引力，不仅因为它具有丰富的野生动物，特别是具有大量大型的有蹄动物，而且也因为它具有迷人的自然美景。这里峰峦起伏，重峦叠嶂。雄伟的高山上，冰河密布。高峻的山峰上，白雪皑皑。部分地区，植物葱茏，绿草如茵。高原湖泊，碧水如镜。清澈的大河小河，湍湍而流。这些独特的自然美景，在中国高原景观中十分罕见。

目前，这里的240多种植物，包括中亚沙漠植物和西藏高原植物。生长在低海拔的植物物种，与沙漠植物有着最密切的姻亲关系；而生长在高山上的植物物种，与西藏高原上的植物物种，有着最密切的姻亲关系。这里主要的植物，有数十种草类。包括海韭菜、水麦冬、芨芨草、苔草和灯芯草等。这里的植被，可分为10类，分布于不同的地形上。这就是潮湿的盐碱草甸、潮湿的沼泽草甸、沙质小山、低地半灌木沙漠、冷沙漠、十分寒冷的沙漠、沙漠草地、寒冷干燥的草地、十分寒冷的草地和高山草甸。

这里高原湖泊很多，有5个湖泊面积最大。其中，阿奇克湖和阿牙克库木湖是咸水湖，依斜凯帕蒂湖和卡尔库卡湖是淡水湖，鲸鱼湖因其形状很像鲸鱼而得名。它既含咸水，也含淡水。这个湖位于海拔4700米处，水深2米～10米，面积为250平方千米。湖的头部，也就是其东部，含有淡水。这里夏季至少有大约20万只鸟。鸟儿密集，唱歌飞舞，气氛活跃。这些鸟以湖水中无数的浮游生物为食。而湖的尾部，也就是其西部，含有咸水，植物难以生长，动物无水无食，所以，这里几乎没有生命。这种一半

滋养生命的水源

淡水、一半咸水的湖泊，在中国十分罕见。

这些湖里的水，来自其周围高山上融化了的雪水和冰川水。湖水非常纯净，未受污染。清澈透亮，十分平静。湖旁的高山、雪峰、湖上的蓝天、天上的浮云和飞鸟，都倒映在湖水里，极为清晰，湖中的鱼群也清晰可见。湖的北边，草地辽阔，绿草丛生。大群大群的藏野驴、野牦牛和藏羚羊，有时还有棕熊，都常来这里。许多天然泉分布于山脉的南边和沙丘的下部。最有名的天然泉，是鸭子泉，位于阿尔金山自然保护区的北部。沙子泉面积很大，位于泥土房和依斜凯帕蒂湖的南部。此外，还有卡顿泉。

这里大河小河纵横交错，分布各地。最有名的河流是大沙河和百泉河。河流受融化冰川影响很大。弯弯曲曲的河流，流遍所有的沙漠绿洲。但其流量，每季每天，各不相同。

在阿尔金山自然保护区里，已经进行了大量的探查工作。但是，最近的发现表明，这个保护区仍有待进一步探查。最近，在阿尔金山自然保护区的酷寒地区，发现了一片茫茫的大草地。这片草地的发现，否定了过去的一种假定，

快乐的鸟儿

即认为在这酷寒地区，只有荒凉的沙漠，没有生命。此外，在阿尔金山自然保护区的西部，海拔4800米～5000米之间的地方，也发现了一片沙漠，这可能是世界上最高的沙漠。

4．文化遗址

这里虽然尚未进行过系统的文化资源调查，但是，在其他的研究过程中，曾看到几处文化遗址。在卡顿地区，靠近大杜水坝的地方和在阿尔金山自然保护区东部山区的几个地区，有几块石碑，上面刻着古老的藏文。在其东部，也发现了雕刻的石头、圆锥形的石堆和圆形的石头场地及其他的遗物。

在泥土房的西南部，大约30千米处，有一座哈萨克墓地，至少是19世纪晚期遗留下来的。

阿尔金山自然保护区目前以保护其自然特征、用于科学研究为目的。因此，保护区划分为两个带：一是绝对保护带，包括阿尔金山自然保护区的大部分地区。在这个带里，禁止一切人类活动和资源利用，除非为了科学研究，特别是为了保护野生动物及其重点栖息地的研究。另一个带是相对保护带，在这个带里，目前只有几种自然资源允许人类利用，包括允许放牧家畜等。

在阿尔金山自然保护区里，目前至少已经建立了5个入区检查站。每个检查站上设有一个常住的看管人，对入区者进行检查，并且监视入区者在区内的活动。阿尔金山自然保护区过去和现在，还很少受到人类活动的影响。要进入这个保护区，只有通过公路。从距阿尔金山自然保护区最近的一个小镇出发，乘汽车行驶两天，也可从乌鲁木齐市出发，乘汽车行驶4大，才可到达这个保护区。在这个保护区里旅行，只能开着汽车，在简易的道路上行驶。

阿尔金山自然保护区是中国目前最大的自然保护区，也是世界上少数几个原始型的大自然保护区之一。这个保护区在科学上非常重要，有着极高的科学价值。这个地区极其珍贵，无与伦比，在世界所有的保护区中非常重要。它由于地理位置特殊，具有丰富的原生物种、典型的高原生态系统和保存完好的原始生态系统的生物群落而享有很高的国际声望。这里拥有60多种濒危野生动物，300多种珍稀高等植物及其完整的原始生态环境，为研究野生动植物、高原生物的保护和利用，提供着极好的研究基地。

1983年，阿尔金山自然保护区建立以后，每年夏季，中国科学工作者至少来这个保护区一次，研究这里的自然特征。1984年夏季，来自一些大学和科学研究所的中国科学工作者，组成了一个很大的考察组，在阿尔金山自然保护区的部分地区，进行了广泛的收集和观察。1985年，中国科学工作者在阿尔金山自然保护区里进行了关于斑头雁繁殖生物学的研究。

1986年，来自世界保护联盟、世界自然保护基金会、美国艾伯塔大学、加拿大环境保护部及中国的科学工作者，在阿尔金山自然保护区里进行了一次联合科学考察，对保护区的现状进行了评估。世界保护联盟及世界自然保护基金会对保护区的管理和规划以及未来的行动提出了建议。关于这里自然特征的分布，主要是关于动物分布的研究，在这里已经开始进行，并且还要继续进行。一项为期3年的关于卡顿地区藏野驴的研究，已于1987

年开始进行。在此后的几年里，开展了其他的研究，包括植被类型的分布、动物的数量及其迁徙方式、文化遗址、啮齿类动物、喀斯特地貌的分布和气候数据的收集等。在世界保护联盟及世界自然保护基金会的协助下，一些关于生态的观察和研究项目，正在进行之中。可以肯定，阿尔金山自然保护区未来的科学价值必将更大。

二、卡拉麦里山自然保护区

1. 野生动物的家园

卡拉麦里山自然保护区，位于中国西北边界，新疆准噶尔盆地内，古尔班通古特大沙漠的东部边缘上，是一片浩瀚无垠、地跨6个县的大沙漠。它为蒙古野驴和许多其他有蹄动物提供一个很好的家园。保护区占地17300平方千米，东西长100千米，南北宽20千米~40千米，其中包括火热滚烫的沙漠和白雪皑皑的高山，是中国目前最大的国家级野生动物庇护地。这里独特的自然景观，非常适合栖息在这里的本地动物。保护区里野生动物十分丰富。野驴、野羊和许多其他有蹄动物，都喜欢这个栖息地。最有名的动物，是蒙古野驴和野羊。这个保护区，就是为保护这些动物而建立的。

保护区位于缓坡低山和丘陵之间平坦的滩地上。海拔1472米的卡拉麦里山，屹立在保护区的中部。这里的气候，既有酷暑炎热，也有冰雪严寒。夏季，最高的温度达到50℃；冬季严寒的气候达到−30℃。年平均气温23.8℃，年平均降雨量只有159.1毫米，而蒸发量为2090毫米。所以，这里除了东部有一些水源，西部夏季降落的雨水，在一些大池塘和沟渠里贮存着一些死水以外，大部分地区，极为干旱。这些水池，像磁石一样吸引着干旱地区恶劣环境里的野生动物。从冬季到春季，这里的积雪为野驴和其他动物提供着唯一的水源。在如此极端的气候下，生长着非常稀少的植被。保护区一半的土地上，只有稀疏的植被。高山的南部几乎没有植被，高山的北部，只有稀疏的假木贼、梭梭和其他一些低矮而贫瘠的沙漠植物。

蒙古野驴是卡拉麦里山自然保护区最重要的常住动物，常在路边吃草，很容易见到。它对这种恶劣的自然条件完全适应。野驴是有名的长跑者。这里地域辽阔，在低山和丘陵之间，地势平坦，没有高大的植物阻挡，为野驴提供了极好的天然跑道。

蒙古野驴不是家养驴的祖先，虽然它与家养驴在生理上十分相似，而且它与家养驴进行过杂交。在某些方面，它比家养驴优越。它长满粗毛的脖子和背部，夏季呈红褐色，但是，在冬季，其身体的上部呈灰褐色，而其身体的下部却是白色，加之它尾巴较长，所以，它与家养驴十分不同。一头成年的蒙古野驴，身长2米多，肩高1.28米。它在7月和8月之间进行交配。母野驴经过11个月的怀孕期以后，在第二年5月到9月生出驴驹。它可以与家养马交配，生出优良的后代，而且，它是一种极好的运输动物，特别是在沙漠地区，能充当运输工具。

蒙古野驴也是世界上跑得最快的哺乳动物之一。它是优秀的奔跑者，通常每小时奔跑的速度可达到45千米；若连续奔跑，每小时的速度可达到60千米。常住这里的蒙古野驴，常在道路的周围游荡，行走数天，也不喝水。它以各种野草为食，吃粗糙的沙漠饲料也能存活，而且长得很壮实。

很久以前，蒙古野驴在中国的西北部干旱和半干旱地区是常见的动物。不幸的是，现在只有在新疆、内蒙古、青海、甘肃和西藏遥远的草地上和沙漠区才能看到。由于受天敌和人类的威胁，其栖息地正在缩小和减少，其种群数量已经减少了很多。根据1982年的航空调查，现在这个保护区里只剩下不到500头蒙古野驴了。这是这种雄伟的动物现在残留的最大的种群。其数量曾一度接近绝种。因此，它是中国最稀有的动物之一，也是国家重点保护的一类动物。观看野驴是在这里游览最精彩的部分，虽然是从远处观望，但也机会难得。

2. 野羊的乐园

卡拉麦里山自然保护区位置偏远，没有人烟，一片荒野。它是一个空旷辽阔的野生动物保护区，除了蒙古野驴以外，还有多种野羊。因此，这个保护区也被叫作“野羊之山”。

高鼻羚羊栖息于戈壁沙漠、分布着咸水池和生长着低矮植物的低地上。它有突出、高大长长的鼻子，体态雄伟。公羊和母羊都生长着约50厘米高、黑黄色、巨大、向后卷曲的弓形犄角，公羊的犄角粗糙透明。高鼻羚羊的嗅觉非常灵敏，而且视觉锐敏，能看到很小的东西；还能发现200米以外正在发生的事情。如果一只高鼻羚羊受到惊吓，就竖起臀部毛作为信号。所有的高鼻羚羊一看到这个危险的信号，就都迅速撤退，一察觉到危险，就尽快跑开，躲藏到安全的角落里，使人和其他野生动物不能发现。它们总是成群地出来活动，每群有3只～5只高鼻羚羊。除非这个羊群里，有一只高鼻羚羊因疾病而死在沙漠上，否则不会有一只高鼻羚羊单独地留在沙漠上。自古以来，高鼻羚羊就因其犄角美丽且是珍贵的药材，还可制作弓箭和房舍的装饰品而一直受到偷猎。

鹅喉羚一般身长1.1米，肩高1米，栖息于半沙漠地区，夜间在半山腰休息。在这里，很容易看到这种特有的动物在地上吃草。它灰褐色的皮毛与其背景融为一体。一发现入侵者，它就迅速地跑开了。3只～5只鹅喉羚组成一家，总是待

辽阔的自然保护区

在一起，并且，一起在路边的草丛中走动，对过往行人毫不畏惧。鹅喉羚每小时能奔跑数十千米，一跃而起，能跳过十多米宽的峡谷。所以，要想抓住活的鹅喉羚，几乎不可能。它奔跑如飞，连吉普车也追不上它，它能将吉普车远远地抛在后面。但是，它夜间视力很差，竟然看不见吉普车的灯光。

所以，它不给吉普车让路，而是在吉普车前从容不迫、漫不经心地走动。这时，如果你想抓住它，就得冒险。因为它的后腿十分有力，能将你踢倒在地。它繁殖力很强，一只母鹅喉羚一年生育两次，随着它的数量不断增长，它与其他野羊一起，为吃草和饮水而到处攀登。

在这里的山峰上，还栖息着许多北山羊。公北山羊和母北山羊都长着胡须，而且，头上都有弯曲、弓形、扁平的茸角。公北山羊的茸角较长，母北山羊的茸角较短。它们的脚构造特殊，长着脚趾和蹄垫，适合在高山上、山峰上和悬崖上行走。这里是它们最喜欢的地方。这些灵活敏捷的动物，在悬崖上行走，行动轻快，动作优美。在平地上，一个跳跃，能跳起10多米高，跳出岩嘴20多米远。在这个荒凉而令人敬畏的世界里，在令人望而生畏的高峰和悬崖上，它们行走自如，毫无畏惧，也并不恐慌。对其他大型动物来说，岩嘴太陡峭、太狭窄，无法行走，但北山羊却能十分轻松地一跃而过。每天早晨，当旭日冉冉升起，将这里所有的山峰染得一片通红时，一只北山羊站在山顶上，向着阴暗的峡谷，发出叫声。它的叫声，标志着一天的开始。声音召唤着其伙伴，一只跟着一只，从山口走出来，爬上悬崖，吃起布满露水的苔藓。

北山羊跑得不快。但是，它爬起山来，脚步稳当。一年四季，它都停留在高海拔地区，十分耐寒。它黄色或灰色的粗毛，能防御冬天的大风，以保持温暖。由于常受其天敌狼和豹子的惊扰，所以，它白天躲避在悬崖上，夜间躲藏在山的裂缝里，使它的大多数天敌无法接近。在温暖的季节里，它在向阳的悬崖上游荡，寻找食物，包括各种野草和野花，甚至还包括悬崖上有刺的植物。冬季，它以掩盖在雪下、被大风吹开的野草为食。夜间，它们排成一队，从山口走下来，小心翼翼地饮水。

北山羊喜爱干净。它不喝池塘里的脏水，也不吃被踩过的野草。它们常常反复不断地舔自己的毛，使之干净整齐。人类与北山羊的密切关系，可追溯到远古时代。关于北山羊的壁画和用北山羊作为陪葬品以及在3000年前建造的坟墓里发现的北山羊骨骼，就是证明。

岩羊栖息于中国和其他国家之间的边境上靠近雪线的半山腰上人迹罕至的地方。它是性情温和且十分珍贵的动物，长着很短的茸角和长长的胡须。它体长1.3米～1.4米，肩高不到1米。在与其天敌金鹰和秃鹫的战斗中，它比较软弱无能。因此，其数量正在下降，面临着被自然淘汰的危险。

盘羊是野羊大家庭里突出而又雄伟的动物。它栖息于青草地和森林里，常常将其脑袋高高地扬起。这种羊，茸角巨大而弯曲，毛呈褐色，卷曲厚实。成年的盘羊，体重200千克。盘羊不怕寒冷，常常栖息在雪盖的大地上。它喜欢群居，总是成群地活动，每群有数十只甚至近百只。因为它胃口很大，需要吃大量的食物，所以，总是选择水草丰富的地方作为栖息地。盘羊群有着严格的纪律，使羊群始终保持集体活动和行动一致。每只母羊每年只生产一次，每窝只产一只羊羔。每只羊羔都能成活，而且可以活到10岁。盘羊在自卫中，是强壮有力的战斗者。受到惊吓时，它竖起白色的臀部毛，向其伙伴们发出信号，警告它们迅速撤退。当豹子或狼袭击一群盘羊时，公羊立即排起队来，用它们短剑般的茸角，迎头抵抗侵袭者，不顾受伤，坚持战斗，直到侵袭者仓皇逃跑为止。

雪豹是这个地区很威风的大型动物，被认为是这里的野兽之王。它白色的毛皮上点缀着黑色的斑点，长着长长的尾巴，外形十分美观。它会慢条斯理地在山上行走，奔跑起来，速度不是很快，但是，它善于攀登。在巨大的岩石中，向前跳跃，轻快敏捷，毫不费力。如果人不打扰它，它就不危害人。它强壮有力，能将比它重的盘羊拖走。它常常整个白天躲藏在山洼

正在雪中挖掘食物的雪豹

里。到天黑，当一群北山羊从山上下到山脚来饮水时，它就突然一跃而起，向这群北山羊猛扑过去，抓住其中的一只北山羊为食。

3．狼

这里的狼十分狡猾，常常追捕并咬死野羊。它常常三天三夜十分耐心地、紧紧地追踪一群羊。等到羊群里有一只羊因患病或体弱而落在了羊群的后面，它就毫不留情地咬死这只羊。狼是凶恶的动物，常将野羊的肚子撕开，拉出其中的内脏，作为它的食物。因此，在这里的草地上，经常可以看到有些被狼撕成碎片的野羊的内脏。因而，狼是这里野羊的死敌。但是，在人面前，狼十分胆怯，并且怕人。所以，在这里的路旁很少看到狼。

4．猞猁

猞猁虽然个头较小，但却聪明、残忍而且狡猾。为了使其天敌远离，它就散布臭味，使天敌闻之而远避。它常常采用的战术是在野羊经常通过的山口撒尿，扰乱野羊，使野羊认错方向，迫使野羊改变其固定的路线而误入它的埋伏。它向野羊发起进攻时，首先咬住野羊的喉咙，吸取羊血，然后再吃掉野羊的内脏。

卡拉麦里山自然保护区是一个沙漠动物庇护地，为了保护濒危的蒙古野驴和多种有蹄动物而进行经营管理。19世纪晚期，这里曾有过蒙古野马，但是，后来蒙古野马曾一度从这里消失了。1982年，卡拉麦里山自然保护区建立以后，野马又回到了这里。这表明，保护这里的野生动物，将它们从绝种的边缘拯救出来，是极其重要的。为此，这里的重点项目包括关于野生动物的生物特性和繁殖，以扩大其种群的研究。此外，蒙古野驴对这里恶劣的自然条件适应良好，在与家养驴繁殖改良品种方面，有着极其重要的价值和适用性。

三、天池自然保护区

1. 迷人的天池

天池自然保护区位于新疆天山北坡阜康市境内，坐落于海拔1980米的高山上，西距乌鲁木齐市100千米，这个明镜般的湖泊，是中国有名的高山湖泊之一，面积为4.9平方千米。其湖水异常清澈，澄碧透亮，最深处达105米。碧绿的湖水，来自冰雪盖顶的博格达峰下的三工河，融化了的雪水和雨水也是湖水的来源之一。

一般认为，这个高山堰塞湖是由于古代山地冰川泥石流从山上滚滚而下，堵塞了河道形成的。水晶般的湖水，纯净清亮。阳光透过湖水，照射到湖底。数米深的水下，大量的鱼群清晰可见。当云彩从湖上蔚蓝的天空飘浮而过或者悬于湖上时，湖水清晰地倒映出天空的颜色和天上的云彩。雄伟的山峰，苍翠峥嵘，景色如画，环湖而立，倒映湖中。山峰上常绿的森林，郁郁葱葱，将湖水染成深绿。突然之间，一阵大雨，带来无数的水滴，悬挂在湖旁的云杉叶上，滴滴答答，滴入湖中，构成美妙的音乐。微风吹过湖面，掀起层层波纹，波光粼粼。水波与倒影在有节奏的雨滴声中，像跳舞一样，不断晃动。

清澈的湖泊、池塘和河流分布于高山森林之中，形成与中国西北部的干旱沙漠截然不同的景观。

天池自然保护区里没有汽车，远离城市的拥挤和喧闹。在湖里荡舟，欣赏周围森林的美景、僻静的峡谷、白雪盖顶的山峰，倾听鸟的歌声，非常有趣，你会感到如临仙境。

野玫瑰和其他许多野花在温暖的季节里遍地盛开，花香四溢，在湖旁边、河岸上、草地上、林地上和小路旁，展现出红色、黄色、蓝色、紫色和白色。高山草甸上，也铺满了大量的野花，形成更壮丽的自然景观。

登上博格达峰海拔4000米的高处，可以看到壮丽的高山野花——雪莲。雪莲是天池自然保护区保护最好、鲜为人知的野花之一。这种耐寒的野花，在这里的高山上生长茂盛。它具有40厘米~80厘米高的花茎，十多片淡绿色的叶子，十多片纯白透明的花瓣包围着一串紫红色和橘红色的雄蕊。花的形状很像水莲花，大约15厘米大。当山上覆盖着冰雪时，它开得正艳，空气中弥漫着它的清香味。当地人高度评价这种花，认为它是最可爱的花。因为它生长于雪线周围最为恶劣的环境里，顶风傲雪，令人赞美，而且，它还是珍贵的药材，对关节炎和妇女病有疗效。

在月光下，当山峰出现阴影、湖水闪闪发亮时，月光照耀下的夜景特别迷人。湖上笼罩着薄雾，云团悬挂在湖上，好像白色或灰色的花朵。湖泊周围，弥漫着神秘的气氛，使人很容易联想起神话世界。但是，这不是一个空想的世界，而是现实的世界。

冬季给这里带来十分不同的美景。强风呼啸，将雪堆积在湖面上和森林里。一切都在白雪覆盖之中，好像一块雪白的大地毯，铺盖着大地，创造出一个宁静幽寂的世界。

根据当地的传说，很久以前，西天王母曾在这个湖边用桃子宴请她尊贵的客人和仙人，叫作“桃子宴”。因此，清代乾隆皇帝，将这个湖过去的名称“瑶池”改为现在的名称“天池”，意为“天境”或者“仙境里的神奇之湖”。

博格达峰海拔高达5445米，是天山东部的最高峰，高耸巍峨，气势威严，终年白雪皑皑。50条现代冰河从这座山峰及其周围的山峰上，向四面八方奔流开来，提供着滋养生命的水源，对这个地区沙漠绿洲的发展，起着至关重要的作用。

2. 美丽的原始林

茂密的西伯利亚冷杉和雪岭云杉原始林，给所有的山坡披上绿装，郁郁葱葱，苍翠满坡。大量的常绿树高达30米～40米，形如尖塔，苍劲挺拔，从远处看，高耸入云；从山顶俯瞰，好像美丽的绿带环绕山坡。树木十分茂密，树木之间几乎没有空隙，连鹿都难以通过。树木如此茂盛，生机勃勃。有些被风刮倒的老树，其根几乎全部暴露在地面上，但还萌发幼树，朝气蓬勃。林地上的灌木和野草，茂盛葱茏，微风吹过，其枝叶沙沙作响，其香气随风飘散。

将近100种药草在这里茁壮成长，最常见和数量最多的，有新疆党参、华黄芪和新疆贝母。

夜色中的丛林

这里的天然生态系统展现着令人鼓舞的景色，并且哺育着种类繁多的野生动植物。200多种种子植物在这里生长茂盛。24种野兽，50种鸟，两种爬行动物，一种两栖动物和3种鱼，都以此为家。中国最大和最凶猛的熊——棕熊，以及雪豹、马鹿、狍子、驯鹿、盘羊、山羊、猞猁、河狸、天山松鼠和石貂，都是这里常住的动物，它们经常在森林里和草地上到处游荡。天鹅、野雁、苍鹭和其他水禽，在湖里和池塘里愉快地游动。百灵鸟、麻雀和许多其他的鸟，在森林里或湖旁边歌声不断，看到什么东西都叽叽喳喳叫个不停。湖里和池塘里鱼类丰富。但是，为了保护鱼类，这里禁止钓鱼。

3．历史建筑物

在海拔较低的地方，有一个圆形的小天池，直径30米，湖水清澄明澈，湖面平静如镜，也是吸引游客的地方。岩石峡谷、大槽谷和小槽谷，深邃险峻，虽然它们比中国西南的峡谷小得多，但也陡峭如削。除了闪亮的湖泊和冰雪盖顶的山峰，许多历史建筑物分布于天池自然保护区里，给这里优美的山景增加了另一番美景。

这些古代建筑物，会使你对这里的一些历史事件有所了解。

福寿寺：建造在山坡上，是18世纪时，清代的乾隆皇帝为了纪念他在保持国家和平稳定方面取得的成果而建造起来的。乾隆皇帝给这个寺取了名，并亲自为这个寺题名。

铁瓦寺：是个通俗的名称，因为这个寺庙顶上覆盖着铁瓦。根据当地的传说，这些铁瓦和修建这座寺庙所用的砖头，都依靠羊背驮上高山。

西天王母寺：雕凿于悬崖之上。不幸的是，由于长期暴露在野外，曾经优美绝伦的菩萨泥塑像已遭破坏。

灯杆山：因为山上的一块岩石而得名，它很像一根老式的灯杆，从远处看，也像一座灯塔。

此外，还有无极道庙、达摩寺院、八卦亭、东岳庙和中岳庙屹立在森林之中。到这些古代建筑中一游，可以了解到这个地区过去的文化。

由于天池自然保护区特殊的地理位置和极好的天然生态系统，所以，这是一座宝贵的研究实验室，适合研究林业、动物学、植物学、水文学、地质学和冰川学。在生态保护、发展畜牧业和旅游业方面，这个保护区发挥着特别重要的作用。

四、塔里木自然保护区

1. 生命力旺盛的胡杨

沙漠常常使人联想到一个干旱的地区，没有任何植被。中国最西北部的新疆维吾尔自治区，塔克拉玛干大沙漠，也是由流沙和不稳定的沙丘构成的沙漠地区。这里强风劲吹，没有多少植物能在沙丘上存活。

值得庆幸的是，中国最大的内陆河——塔里木河，流过塔里木盆地，为塔克拉玛干大沙漠提供着滋养生命的水源。欣欣向荣的胡杨林，布满了这里的沙漠和河岸，使这里的景观发生了巨大的变化，在这里的沙漠上，展现出与众不同的景象。大片大片的胡杨，深深地扎根于沙丘上，使大量的沙丘十分稳定，对固沙发挥着极其重要的作用。沙丘上植被葱茏。这些植被具有特殊功能，使沙丘在冷酷无情的强风袭击下，岿然不动。这里的胡杨林虽然不很稠密，但却覆盖着塔里木河下游3800多平方千米的沙丘。面积为387.9平方千米的塔里木胡杨林自然保护区，就建立在这里。

胡杨树沿着塔里木河茁壮成长，是这里占压倒性数量的树种，也是这片沙漠上特有的最大的树木。胡杨树对干旱、盐碱、强风、寒冷和腐朽，都有高度的抵抗性，对恶劣的沙漠条件适应良好，在天然沙漠生态系统的形成和保护方面，发挥着极为重要的作用。这种天然沙漠生态系统，使这里本来恶劣的沙漠景观变得生机勃勃；也在过去数千年甚至数万年中，为当地人提供舒适的环境和生活必需品。人们高度称赞胡杨巨大的生命力和非常卓越的特性：它能在沙漠上生长1000年甚至更长的时间；它能在死亡以后，仍在沙漠上屹立千年不倒，当它倒落在沙漠上以后，1000年之内不会腐朽。有一个例证很有说服力：中国古代的王国之一——楼兰王国，已经在很久很久以前从地球上消失了。但是，在2100多年前建造的古代宫殿里，用胡杨木材制作的大梁和木椽，虽然经过了数

生命力旺盛的胡杨

千年，至今仍然在古城的废墟上，情况良好，没有腐朽。一些尚未使用的粗大的胡杨圆木，需要两个人手拉着手才能围住，2000年来一直暴露在空气之中，至今没有腐烂。

胡杨树一般高达15米，胸径30厘米，具有十分独特的外形特征：当其幼龄期时，其树叶与柳树的叶子相似。但是，当其树高达到数米时，其叶子与杨树叶相似。树高超过7米的胡杨树，在其低层的树枝上，长出柳树的叶子，而其上层的树枝上，却长出杨树的叶子。更有趣的是，在其中部，柳树叶和杨树叶之间，竟然长出第三种叶子，既不像柳树的叶子，也不像杨树的叶子，叫作过渡形的叶子。在同一棵树上，有三种不同形状的树叶。因此，人们将这种树叫作多种叶形的杨树。

胡杨树能在极端恶劣的气候条件下茁壮成长，能经受酷热和严寒、水涝和干旱。在41.5℃的高温和–39.8℃的低温下，不受任何损害。在年平均降雨量很少，只有100毫米～289毫米，而蒸发量很高，为1500毫米～3700毫米的情况下，仍然生长正常。在其老树干上的伤痕和树洞里，有白色透明的凝结物，叫作胡杨纯碱，当地人用来作馒头的酵母。

胡杨树依靠其种子和幼苗繁殖。在胡杨林里，树龄200年～300年的老树周围，萌生出许多中龄和幼龄胡杨树。它们从老胡杨树的根部萌生出来，向四面八方伸展开来，其繁殖方式与竹子的繁殖方式十分相似。大片大片的胡杨次生林，都从其幼苗或种子上生长起来，生机盎然，在固沙方面，也发挥着重要的作用。初夏的时候，有些成熟的、胡杨树种子，随风远飞，去寻找繁殖的机会。更多的种子被河水冲走，在别处的河岸上，被什么东西挡住，在60个小时左右的时间里，就可以开始发芽，扎根生长。

2．其他树种

在这片茫茫的沙漠上，一些其他的树种，虽然数量很少，却是胡杨树的伴生树种，因此这些伴生树也能经受这里的风沙。小红柳林在胡杨树生长的地方茁壮成长，即是一例。它开着大量一串串的红花，其形状与其树枝和树叶十分相似。这些红花从春季到秋季，在其树枝的顶端盛开，十分艳丽。在阳光照耀下，整棵树都变成了红色。因此，人们称之为红柳树。

沙枣是胡杨树的另一种伴生树，也是固沙和改变盐碱地的珍贵树种。这种树在胡杨林里或者胡杨林的边缘，生长茂盛。这种树十分高大，高达10米，胸径可达1米。每年9月，这种树香花盛开，接着在其绿色的叶子中结出一串串黄色的小果。沙枣茂密的枝叶和十分发达的根系，在防风和固沙方面，起着很好的作用。不同树种的果实味道不同，或甜或酸，但都富含脂肪和蛋白质，可以食用，也可以用来酿酒、酿醋和酱油，还可以治疗肠炎和骨折。沙枣花中还可提炼香料。它的花也是上等的蜜源，是治疗慢性支气管炎的良药。它的叶子可以提供营养丰富的饲料。它的木材坚韧，张力很强，而且木纹美观，是制造生活用具和家具的好材料。

由于大量生长繁殖、强劲有力的胡杨树及其伴生树固定着沙丘，也由于这里清澈的河水和明亮的湖泊提供着足够的水源，大量的植物生长在起伏不平的沙丘上，固定着沙漠，使沙漠不能随风飘走。同时，大量的植被也生长起来，延缓了风的侵蚀，保存着沙漠里的水分。因此，沙丘上覆盖的植被，在温暖的季节里，鲜花盛开，使沙漠景观靓丽起来。春末和初夏，这里的路旁、河岸和湖边，色彩斑驳，可能使你大吃一惊。各种野花，色彩纷呈，点缀着绿色的森林，使沙丘和绿洲，景色绚丽，成为沙漠上的奇观。林边河畔，小村庄林立。村庄里和农舍旁，树木成林，一片阴凉。村庄周围的田地里，粮食作物、金黄色的向日葵和绿色的蔬菜，茂盛葱茏；成群的牛羊和骆驼，在沿河的草地上吃草，是这里普遍的景象。如果你与村庄的居民待在一起，他们会用他们喜欢吃的牛肉、羊肉、奶茶和烙饼等食物热情招待你。沿河散步，观望吃草的牲畜、在河里漂游的水禽和空中飞翔的鸟儿，你会很快忘记你是在沙漠地区。这里郁郁葱葱的景象，会使你感到，这里是欣欣向荣的鱼米之乡。

茂盛的胡杨林，为浣熊、水獭、马鹿、野猪、狐狸、野鼠和野兔等许多野生动物提供避荫和栖息地。这个沙漠绿洲，也是许多鸟类的家园。天鹅、雪雁、野雁和多种野鸭在湖上和河里游动，并在这里越冬。麻雀、燕子和其他许多小鸟，在森林里或者湖上面一掠而过。鸭子在水面上悄悄地滑行。清澈的水中，鱼虾丰富。

马鹿是这里重要的大型动物，也是这里常住的动物。1976年，2.5万马鹿的一个大种群，曾在这里栖息了很长时间。但是，几年后由于非法捕猎和胡杨林的退化，它们从这个保护区消失了。1984年，塔里木自然保护区建立以后，对胡杨林实行封闭管理，进行严格保护和集约经营，已经大大地改善了马鹿在这里的境况。因此，马鹿在从

狡猾的狐狸

这个保护区绝迹了十多年以后，又返回了这个保护区。目前，已有大约1000只马鹿在这里生活。

塔里木自然保护区为研究沙漠生态系统的形成和发展、胡杨林与其伴生树及其他植被在固沙防风和土壤改良方面的特殊作用提供了良好的研究基地。

五、霍城自然保护区

霍城自然保护区位于新疆维吾尔自治区西北部霍城县，三面低山环绕，丘陵起伏，沟谷交错。这是一片自然环境未受改变的干旱荒野，小溪纵横，苔草葱茏，为四爪陆龟提供了有利的栖息地。

四爪陆龟也叫草原龟，通常栖息于肥沃的草原上或者荒凉孤寂的沙漠上。因为它的前肢上有四个爪子，所以被称为四爪陆龟。它黄色的龟壳上，点缀着黑色的斑点。其腹部呈黑色，周边环绕着黄色。其头部具有对称的鳞片。它是一种小型动物，体重0.4千克～1千克。它以鲜嫩的树枝、植物的叶子和野草为食，有时也吃灌木的树皮，食物品种较少。它十分耐旱，几乎从不饮水，只从它吃的植物里吸取它所需要的水分。它挖掘的地洞，长达2米。在这个地洞里，度过它一年的大部分时间，然后，在干旱和寒冷季节里休眠不动。

6月～8月，气候十分温暖，食物十分丰富时，四爪陆龟才爬出洞来，到处活动。因此，在地面上很少看到它。在温暖的季节里，它处于最佳状态。在此期间，它的体重增加很快。四爪陆龟是有名的缓慢爬行者，平时它总是慢腾腾地移动。但是，当气候温暖时，它就精力充沛，十分活跃，每天能爬行2000米。吃饱食以后，它在阳光照射下的岩石上晒太阳，并不时扬起它长而尖的脑袋，匆匆地窥视可能发生的威胁，随时准备从危险中逃离。

温暖的季节也是它的繁殖季节，为雄龟和雌龟相聚，进行交配，提供唯一的机会。交配之后，雄龟与雌龟又立即分开，过着独居的生活。雌龟用其后肢，在其选定的营巢地上，挖出10厘米~12厘米深的窝巢里，每年产卵2次~3次，每次产卵2枚~5枚。营巢地上阳光充足，没有植被。母龟不负责孵蛋，依靠自然孵化。如果其蛋未被掳夺者抢走，经过65天~82天，幼龟就从蛋壳里孵化出来。幼龟出生以后，享受不到母亲的保护和训练，便开始独立生活。它们必须自己想办法过日子，因此，其生活充满危险。四爪陆龟是长寿的动物，能活100多年甚至数百年之久。它成长缓慢，到10岁时才发育成熟。

温顺的四爪陆龟

四爪陆龟的性情极为温驯和友善，它从不攻击任何动物和人。它没有任何自卫的武器，所以，它过着危险重重、朝不保夕的生活。当它受到攻击时，它唯一的自卫方式，是立即将脑袋缩进它坚硬的龟壳里去。当它落入天敌之手时，这种自卫的战术，对它的安全毫无帮助。它将脑袋缩进龟壳以后，保持沉默，静止不动，对其命运如何，是大难临头，还是侥幸活命，毫无所知。因此，这种可怜的动物，常常沦为许多野兽甚至一些猛禽的猎物。幼龟遭受的袭击最为频繁。

这种乌龟，对沙漠高度适应。它使陆龟的品种变得丰富，并且对研究沙漠生态，特别是沙漠野生动物及其栖息地，具有巨大的科学价值。它的龟壳是良好的药材，可以防治某些疾病。它是中国沙漠上的一种乌龟，是霍城自然保护区里的珍稀动物，受到国家的保护。

第十章 山东省的自然保护区

山旺自然保护区

1. 生物化石博物馆

在山东省临朐县城东20千米处的一个小村庄旁边，有一座海拔不到300米高的小山，其表面除了稀疏的植被以外，没有什么特殊。但是，它被称为“生物化石的宝库”。山旺自然保护区，就位于这座小山上，其面积为1.2平方千米。进入这个保护区，展现在你面前的一个50平方米左右的大坑，是过去开发硅藻土时遗留下来的。从这个大坑里，已发掘出了一些古犀牛、鹿和野猪的骨骼，保存良好，完整无缺。一层一层的硅藻土，裸

山旺自然保护区

露在大坑的周围。长期的风化，使这些硅藻土层十分疏松、酥脆，只要轻轻地触摸一下，就会有一大片硅藻土脱落下来。每一片硅藻土都包含着一些植物或动物的化石。在距这个大坑不远的地方，一座小山的南坡上，也发现了硅藻土。在这里还发现了古代野猪的牙齿化石和一些古代脊椎动物的化石。正是这个保护区里奇异的硅藻土，保存了这些大量的化石。

山旺自然保护区不仅因其化石的贮存量最大，也因为这里的化石极其精致而著名。1800万年以前遗留下来的生物化石，范围广泛，都完整地保存在这里。其中，植物化石数量最多。截至目前，在这里已经发掘出400多种化石，包括各种植物、昆虫、鱼类、两栖动物、爬行动物、鸟类和哺乳动物的化石。其中有130多种植物化石，包括蕨类植物、苔藓植物、被子植物和裸子植物的化石；杨树、柳树、栎树、山核桃、欧洲鹅耳枥、桦树、榛子和椴树等多种温带植物的化石；还发现了榕树、合欢、皂荚、梧桐、紫玉兰、泡桐树和槭树等许多亚热带植物的化石。大多数植物化石都保存得极为良好，要鉴定出它们不同的种类，十分容易。有一

令人惊奇的化石资源

株葡萄藤化石，保存极好，连每一颗葡萄的印痕甚至葡萄叶上纤细的叶脉都清晰可见。从雕凿下来的化石上，也可以很容易辨认出山核桃、椴树和亮叶桦。有一朵盛开的化石花，五片花瓣，清清楚楚，极为完好。

这个保护区里保存的动物化石，数量之多，令人惊奇。一只蜻蜓化石，完整清晰，连其翅膀上最细小的络纹，也历历可辨。正在游动的鱼群，一只游泳的青蛙，一只蜘蛛的趾毛，一只蝙蝠的翅膜，一只老鼠的触须，摆好姿势、振翅欲飞的一只小鸟和一只蜜蜂，一条蜷曲盘绕的蛇，一只双角齐全的鹿，都清晰可见，栩栩如生。甚至鸟胃里尚未消化的食物，也保存得完好如初。山东山旺鸟化石是第一次在这里发现的一种鸟的化石，根据在这里发现的化石对其进行了鉴定并定名。这种鸟完整骨骼的发现，填补了我国第三纪鸟类化石的空白。1978年，在这里发掘出中新世时期留下来的一头犀牛骨骼化石，是这里发现的最完整的犀牛骨骼化石。

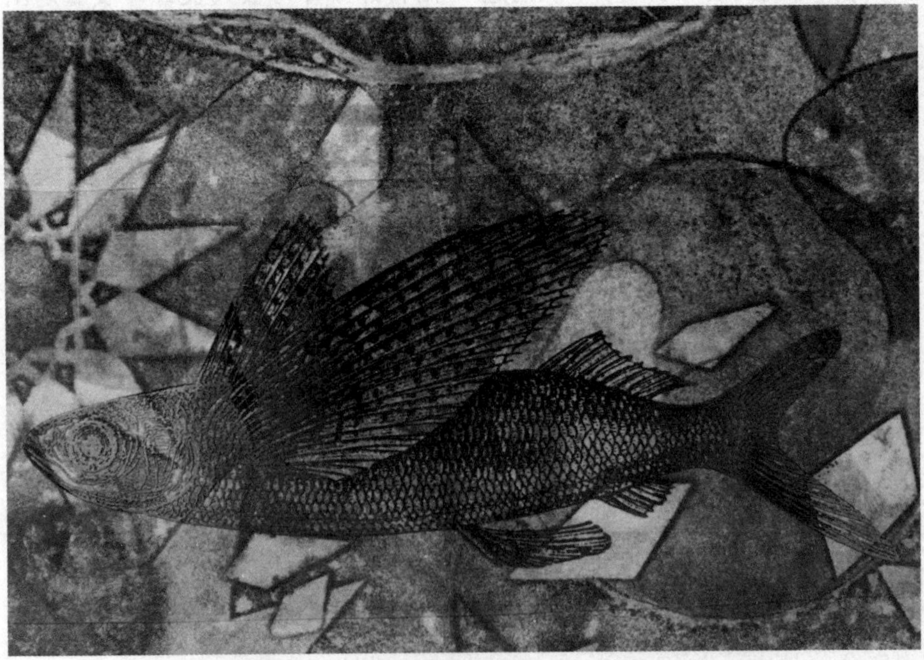

神奇的大自然，好似一部天书，不知道隐藏了多少秘密。

这个保护区的孢子植物化石和花粉化石也十分丰富。

2．化石的形成原因

化石是石化了的古生物，是古代的遗物、痕迹或者死亡者留下的东西，保存在一层一层的岩石中石化而成。为什么这个保护区里，能出产数量如此之大、种类如此之多而且极其精致的化石？这得归功于硅藻土。硅藻土是一种特殊的沉积岩，为化石的形成和保存创造出极好的掩埋地。这里的硅藻土可以比作母亲，她生出了并且哺育了这里无数的化石。这个保护区里的小山上，一层一层厚厚的岩石，都是由白色的硅藻页岩构成的。薄薄的岩石，一层垒在另一层上面，好像一本大书。

山旺巨大的化石沉积物，可追溯到第三纪中新世时期。1800万年以前，山旺地区曾经是一片茫茫的深湖，湖中充满了平静的淡水，水中生长着丰富的硅藻。硅藻是山旺地区的一种水藻，也是一种单细胞植物，其细胞壁含有果胶和二氧化硅。无数的硅藻死亡以后，细胞累积在湖底，形成了筑起岩石的主要物质。这种物质，被胶合物质黏结在一起，构成了非常清晰的硅藻土层。

这里发现的化石告诉我们关于这里生态的故事。这个地区，气候曾经炎热而潮湿，覆盖着茂盛的落叶和阔叶常绿林及种类繁多的亚热带和温带植物。鱼类、蝌蚪和海洋鸟，栖息在湖里，鸟类、蜜蜂、蛾子、蝴蝶、蜻蜓、多种昆虫、蛇、乌龟、鹿、犀牛、貘和野猪环湖而居，构成十分平衡、欣欣向荣的生

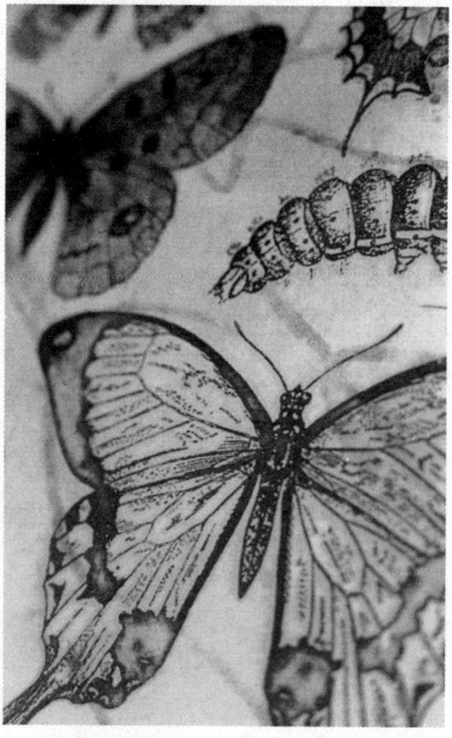

山旺自然保护区是一座化石宝库

态环境。当气候发生了变化时，湖水逐渐干涸，留下了厚厚的硅藻土床，深深地掩埋在这座小山下。沉没在干涸的湖床上死亡了的动植物，都被深埋在硅藻土里，幸免于被氧化和被分解。硅藻土具有很强的吸附性、耐水性和绝热性，这种良好的性能，为保存大量结构精细的物质，提供了十分有利的条件。被掩盖在硅藻土下的物质，隔绝了空气，开始发生变化，终于变成了化石。

但这并不是说，所有的古代生物，都能变成化石。如果死亡了的生物遗体暴露在地面上的空气里，或者在其死亡之后，其遗体已经腐烂，或者遭到动物或人类的破坏，就不能变成化石。只有当它们死亡后不久，它们的遗体就立即进入有利的掩埋环境，它们才可能被硅藻土掩埋保存，最终变为化石。如果它们被冲击破碎，或者经过长途运输，它们也不能变成形体完整的化石。此外，如果沉积物，也就是掩埋物质过于坚硬，它们就不能变成精致的化石。正是由于山旺具有极好的掩埋环境，才将无数的古生物变成完整而精致的化石，并将这些化石保存得极为良好。

在这里发现的数量巨大、非常珍贵的化石，为研究生物的起源提供了珍贵的资料，也展示出中国北部中新世时期生物群落的生动画面。通过这些化石，可以开展关于中国生物和地质演进的研究。它们也为鉴定地层的年龄和矿物资源提供了重要的证据。山旺自然保护区建立于1980年，以保存和研究这个化石宝库为目的。它是中国第一个关于化石的保护区，也是世界上这类稀有的保护区之一。

第十一章 江苏省的自然保护区

一、大丰自然保护区

1. 麋鹿自然保护区

鹿有许多种。在各种鹿中，有一种大鹿，其外形与其他四种哺乳动物相似：它的尾巴很像驴子的尾巴，蹄子很像牛的蹄子，脖子很像骆驼的脖子，茸角很像鹿的茸角。但是，它与鹿基本相同。因此，它肯定是一种鹿，这种鹿叫作麋鹿。因为它与这四种哺乳动物不完全相像，所以，人们将这种鹿叫作“四不像”。麋鹿能够奇迹般的存活到今天，要归功于大自然的优秀创造。麋鹿是一种大型体重的动物。一只成年的公麋鹿，身高1.4米，体重250千克。麋鹿为淡棕黄色，与马鹿或者驯鹿的形状和大小相似，与一头小驴子一样大、一样高。麋鹿是一种健壮有力的动物。当它静静站立、吃草或者四处张望时，姿态文雅。走动时，行动流畅优美。必要时，它能以惊人的速度奔跑，像跳芭蕾舞一样，跳过灌木丛，从空旷的山边一跃而过。

麋鹿的毛色，随着不同的年龄和季节而改变。新生的幼麋鹿，呈柑橘色，其间点缀着白色的斑点。这些白色的斑点，在6周~8周之后就消失了。成年的公麋鹿和母麋鹿，夏季皮毛为红铁锈色，背部点缀着黑色的条纹。9月份以后，就长出长而厚的灰毛，作为过冬御寒的外衣。

麋鹿具有毛茸茸的尾巴，长达65厘米。当它跳跃逃跑时，其尾巴就变成了发出危险信号的一面白旗。受惊吓时，麋鹿用尾巴向伙伴们发出警告的信号旗。它的伙伴们看到这个信号，也都举起尾巴，立即向安全的地方跑去。遇到危险时，麋鹿总是首先选择立即跑开，而不是战斗。受到天敌或者猎人惊吓时，就腾空而起，闪电般地飞奔而去，似乎毫不费力，一跃而起，跳过灌木。即使前面没有障碍，它们仍然一个跳跃接着一个跳跃，疯狂似的乱作一团，跳到比较安全的森林里去。因为，逃跑是它们主要的防卫措施。

只有公麋鹿长着形状特殊、弯弯曲曲而且生着支角的茸角，这些茸角，在10月～12月之间脱落。但是，第二年春天，茸角又重新长出，然后在整个夏季里长成。这些茸角在很小的圆形疙瘩上发育起来，十分柔软，感觉灵敏，而且布满血管。当茸角撞击到树干上或者岩石上的时候，就感到疼痛，而且大量出血，甚至很容易折断。在夏季里，茸角上覆盖着短而硬的茸毛，是鹿茸的嫩皮。但是，这些茸毛，只能起很小的保护作用。为了保护这些茸角，公麋鹿常常走进开阔的、长着灌木的野地里，因为在这里，茸角不会碰到坚硬的东西。

到了夏末，鹿茸的嫩皮开始枯萎，茸角瘙痒，难以忍受。于

大丰麋鹿自然保护区

是，公麋鹿就在树干上使劲地摩擦茸角，并用其后蹄抓痒。渐渐地这些茸角终于变得坚硬、锋利了，只是尖端仍然柔软。在秋季里，公麋鹿不停地在树干上和圆石上摩擦茸角，将它们磨得尖利光亮，以便在为争偶而进行的恋情挑战中，对付情敌，进行自卫，并保护自己的妻妾们。

夏季是麋鹿发情和交配的季节。在此期间，公麋鹿长而尖的茸角，是它们随时与其他公麋鹿战斗的武器。在为争夺母麋鹿进行的斗争中，公麋鹿为了得到母麋鹿的喜爱，而与情敌展开迎头撞击。在紧张的斗争中，有时两只公麋鹿的茸角互相交缠，紧紧地卡在一起，无法自解。这两只可怜的公麋鹿会累得筋疲力尽，以致死亡。但是，在一般的情况下，交战的一方会放弃争斗，自动走开，让获胜者与母麋鹿去进行交配。

在交配季节的末期，公麋鹿的茸角脱落了。从此，它又安静平和地吃草，性情温和，善于交际了。它在沼泽地和草地上昂首阔步，大摇大摆地行走。直到来年5月，它的头上又出现了圆疙瘩，情况就又不同了。

茸角与犄角不同。犄角是由坚硬、空心的骨壳构成的，永不脱落，外面没有东西覆盖。而茸角是鹿的一种特殊构造，只有公麋鹿生长茸角。茸角是由真正的、完全实心的骨头构成的，而且每年脱落。

从6月下旬至7月，麋鹿开始交配。在此期间，平时温驯的公麋鹿互相挑衅。按照麋鹿群的等级制，只有成年的公麋鹿才有优先取食和与母麋鹿交配的特权。成年的公麋鹿居于统治地位，而尚未成年的麋鹿居于最低的地位。公麋鹿之间为交配而竞争，标志着交配期的开始。这时，保护区里所有的麋鹿，都分成了三个小组。每个小组占有自己的地盘，每个地盘中间，有一棵大树作为标志。相互之间，距离很短。在交配季节里，当公麋鹿为占有母麋鹿而战斗时，其茸角相互碰撞的声音随时可以听到。这场战斗一直进行，直到其中一只成年的公麋鹿夺得了与母麋鹿的交配权为止。麋鹿与马鹿不同。麋鹿除了第二年4月～5月很短的生产期和10

奔跑中的麋鹿

月～12月茸角脱落期以外，一年四季，都保持群居。

对母麋鹿来说，生产幼鹿是一段孤独寂寞和谨慎小心的时期。第二年春季，大多数在5月末左右，也就是经过270天～285天的怀孕期以后，母麋鹿生出腿长长的、身上带有斑点的幼麋鹿。由于受母麋鹿肌肉不断收缩的压迫，幼鹿的前腿先生出来，然后，其脑袋和肩膀从母麋鹿的生殖系统出来。在幼鹿脐带断裂、得到自由以后，母鹿就吃掉胎盘——就是包在幼鹿外面的那层薄膜，以防天敌看到，招来麻烦。同时，母鹿吃掉胎盘，可从中获取营养。然后，母鹿舔干幼鹿，消除异味，以免天敌闻味而来。在很长一段时期里，母麋鹿用它的乳汁喂养幼鹿，直到下次再生幼鹿之前为止。在正常的情况下，母鹿第一胎只生一只幼鹿。此后，如果它营养良好，就可能生一对双胞胎。

幼鹿在出生后大约30分钟就能行走。然后，母鹿带领着幼鹿，去到一个安全的地方。在那里，幼鹿停留大约两周时间，直到它能跟随着母亲同去吃草。但是，幼鹿起初还不能跳跃奔跑。而跳跃奔跑，是麋鹿逃避危险最好的防御措施。这时，幼鹿靠着隐蔽躲藏，其身上还没有招引天敌的气味，相对安全。幼鹿虽小，但能良好隐蔽，使嗅觉十分灵敏的天敌，从距它只有几米远的地方经过，都不会发现。但是，一旦幼鹿的奔跑技巧提高了，身上有了招引天敌的气味时，它就开始随着鹿群到处行走，并学会识别遇到危险时，它的伙伴向它发出的信号，然后立即跑开，脱离危险。

麋鹿的脚，构造特殊。其脚上有肉趾，又有十分发达的悬蹄支撑着。行走时，蹄子接触地面，发出响亮的撞击声。麋鹿始终保持警惕，小心翼翼。它较大的耳朵不停地前后翻动，不断抽动，捕捉危险的声音。其最大的威胁，来自狮子和豹子。它们发现天敌，就立即跑开，隐蔽起来。躲过危险以后，就在长满灌木的高地上吃草，在树木密布的隐蔽处休息。

麋鹿主要以素食为食，特别是苔草和野花。在温暖的季节里，它们喜欢吃绿色的野草。冬季，干草和苔藓是其主食。大丰自然保护区每天两次给麋鹿喂些其他的食物作为补充。草和水是滋养麋鹿生命不可缺少的东西。因此，麋鹿总是在布满野草、有池塘、灌木和树木的沼泽地上及肥沃的草地上，寻找喜爱的栖息地。它们总是成群地走动，每群大约有十多只，而且，常常在沼泽地和池塘里游荡。它们在沼泽地里，大声嚼着野草和其他植物；然后，溜溜达达，走到附近的森林里去，在阴凉的森林下休息。

麋鹿不怕冷。白天，它们常常在冷水里停留数小时。夜间，在空旷的野地里休息，从来不在专门为它们搭起的小棚里休息，即使在天气寒冷的时候，也是如此。麋鹿跑得很快，而且视觉灵敏。它们常常在天敌可能对它们发出威胁之前，就能发现天敌，并且毫不费力地跑过大多数天敌。

2. 关于麋鹿的故事

关于麋鹿的故事，可以追溯到远古时代。

麋鹿是中国特有的一种大型动物。根据许多出土的文物和象形文字，证明麋鹿最初出现于黄河中游；而且，早在更新世晚期之前，曾经遍布江苏、浙江、安徽、河南、陕西和河北省及北京、上海郊区。在新石器时代和大约公元前11世纪到公元前770年之间，其数量很多。然而，在此后的年代里，其数量迅速下降，直至绝种。其最后的一群，在北京的南海子皇帝狩猎园里，存活到1865年。

1865年，法国的大卫神父在北京南海子皇帝狩猎园里，发现了残余的一群麋鹿。此后不久，一些麋鹿被送到了欧洲。1900年，皇帝狩猎园在战争中遭到破坏，从此，麋鹿完全从中国消失了。人们曾以为，麋鹿在其所有的分布区里都绝种了。

值得庆幸的是，这种稀有的动物被从绝种的边缘拯救了出来。1865年～1894年，几只活麋鹿被送到了巴黎、柏林和其他的欧洲城市。1894年～1901年，英国十一世贝福德公爵，从欧洲几个动物园里，收集到18只麋鹿，并且在乌邦寺他自己的公园里，建立了麋鹿园。这就是在世界上存活的最后一群麋鹿的家园。从此，数百只麋鹿被保存在这里。这些麋鹿就成了当今所有活麋鹿的祖先。这种世界上美丽而雄伟的动物之一，终于从绝种的边缘被挽救了回来。

最初麋鹿是圈养的，以后才被释放到乌邦寺公园里辽阔的林地上和草地上。在那里，从巴黎引进的最早的一对麋鹿，于1896年5月生出了一只幼鹿。从1894年10月至1914年1月，麋鹿的数量增加到72只。但是，在第一次世界大战中，其数量急剧减少。它们的一半因饥饿和疾病而死亡了。

1940年，英国十二世贝福德公爵意识到如果把存活的麋鹿仍然圈养在乌邦寺公园里，就是对麋鹿的一大威胁。因此，从1944年开始，他将麋鹿运送到全世界许多动物园里去。1956年春天，伦敦动物学会将两对麋鹿送到了北京动物园。于是，麋鹿在消失了半个多世纪之后，又一次出现在它们的故乡了。第一批回归的麋鹿，对北京动物园的环境适应得很好。但是，像在欧洲动物园里的其他麋鹿一样，在北京动物园里的麋鹿也遇到了同样的问题，这就是发生死胎和不受孕的问题。由于出现这些问题，就不可能在这里建立麋鹿种群。1973年，伦敦动物学会为了繁殖麋鹿，给北京动物园送来了另外两对麋鹿。这两对麋鹿也由于圈养的原因，没有繁殖成功。但是，它们终于回到了中国。

过去的教训告诉科学家们，必须将麋鹿放到有沼泽地、草地、小山、湖泊和稀树林的野外去，为它们提供天然的栖息地。在那里，它们可以享受充分的自由，才会繁殖成功，建立种群。因此，必须找到一个适当的野生动物庇护地，将一片足够大的地方保护起来，保证它们存活繁衍。这是拯救麋鹿的唯一途径。

1985年，对已经回归中国的麋鹿来说，是十分重要的一年。经过在中国北方和南方的许多地方为选择麋鹿栖息地而进行的一系列的野外调查之后，位于北京南郊、以前的南海子皇帝狩猎园，被选定为最适合的麋鹿释放地。于是，建立了北京南海子麋鹿园，将乌邦寺公园送来的另外20只麋鹿放养在这个保护区里了。在世界保护联盟及世界自然保护基金会的协助下，自对麋鹿进行保护和释放以来，其数量已有所增加；而且，在其后的几年里，在中国其他的动物庇护地里，都可以看到麋鹿了。

3．麋鹿的新家园

大丰麋鹿自然保护区建立于1985年，它为更多的麋鹿提供着新的家园。这些麋鹿的祖先，是从北京南海子麋鹿园引进来的。大丰麋鹿自然保护区面积为10平方千米，是世界上最大的麋鹿庇护地。它位于江苏省北部，黄海之滨，一片辽阔的平原沿着海岸伸展。具有森林沼泽地、淡水沼泽地、池塘、分散的小片森林和草甸，遍布于平原之上，其东边以黄海为界。园内植被茂盛，郁郁葱葱。13.5℃的年平均气温，999.7毫米的年平均降雨量和盐质的土壤，使大丰麋鹿自然保护区成为麋鹿很舒适的家园。在这个地区发现的化石证明，大丰曾经有过大量的麋鹿，而且，在很久以前，这个地区曾是麋鹿最好的栖息地之一。这里苍翠葱茏的植物，保证麋鹿的食物来源丰富、取之不尽，而且，这里人口稀少，对麋鹿的干扰很少。这里青草如茵，灌木丛生，十分茂密，吸引着麋鹿，提供它们喜爱吃的食物。这里浆果累累，可食的植物非常丰富，麋鹿吃得津津有味。仲夏以前，植被还低，遮不住麋鹿，这时最容易看到成群的麋鹿。野草长高以后，许多麋鹿白天侧卧在高高的野草里，将自己掩护起来，只将其明亮的眼睛和颤动的耳朵露在外面；或者在阴凉的森林里乘凉休息。吃饱以后，它们停留在开阔的野地里，四处张望，或者互相嬉戏。游人在这个时候很容易看到麋鹿。麋鹿对人态度友好，当你站在它们面前的时候，它们会善良地注视着你，好像与你进行无言的谈话。当你要离开它们的时候，它们还会注视着你的背影，或者跟随着你，似乎对你恋恋不舍，不愿与你分开，非常讨人喜爱。但是，游人或陌生人最好在远处观看，而不要接近它们；与它们

河鹿

保持距离，而不要与它们亲近。

大丰麋鹿自然保护区具有多种栖息地。黄海海滨，土地潮湿，植物茂盛；大量的沼泽地和平原，哺育着丰富多样的野生动物群落。还有大量迷人的植物物种，其中有些物种，特别罕见。

河麂是另一种国家重点保护的二类动物。在大丰麋鹿自然保护区里，有一个20多只河麂的群落。河麂是这里重要的常住动物之一，也常在草地上游荡和吃草。由于其栖息地遭到破坏以及被偷猎，这种濒危动物处于绝种的边缘，其数量正在减少。大丰麋鹿自然保护区也为这种动物提供了极好的庇护地。

这个布满青草、灌木和湿地的栖息地，也适合各种鸟类，为大量的鸟，特别是多种有趣的水禽，提供繁殖、迁徙和越冬的栖息地。大丰麋鹿自然保护区位于一条主要的迁徙线上。每到秋季，就有各种鸟降落到这里，迁徙鸟密集，数量最多。有108种海滨鸟和涉禽，以及数量巨大的水禽，都愉快地生活在这里。这些鸟在草地上和池塘里吃食和筑巢，白天多次飞到野地里去。在高峰期里，地面和空中，到处都有鸟。鸟儿的叫声啁啾，一千米以外都可以听到。群鸟起飞时，遮天蔽日，形成极好的景象，使观赏者心情激动。晚秋的时候，迁徙鸟一群接一群，接连不断，宛如滚滚的波浪来到这里时，最为感人。因此，许多游人来到这里观看鸟的迁徙。所有的鸟，包括许多野鸭和野雁，都在这里过冬。所有的步行道路，都在晚秋和冬季封闭起来，为这里的野生动物提供安静的栖息环境。

鸟在这里到处可见，随时可见。在这些有趣的鸟当中，雀鹰、鱼鹰、白尾海雕和麻雀，在空地上空盘旋。它们的叫声，打破平原上的宁静。鹌鹑咯咯的叫声，十分嘹亮，在大地上回荡。草甸百灵鸟长笛般的歌声，更加悦耳，使人喜悦。这种美丽的鸟，几乎叫声不停。尤其，在求爱期间，公鸟为了争夺与母鸟交配，叫得更为起劲。特别有趣的是，在温暖季节的清晨或黄昏，去到沼泽地的边缘。静静地坐下来，观察鸟的活动，倾听由鸟的叫声和歌声组成的合唱。青蛙偶尔也插进粗犷的歌声，颇像一场绝妙的音乐会。

丹顶鹤在池塘里或沼泽地上，从容不迫地走动。这种美丽的鹤，头上有着靓丽的红冠，还有长长的脖子。鹤立鸡群，容易辨认，也特别显眼。丹顶鹤是这里最大的迁徙鸟，每年秋季来到这里，在这里越冬，第二年春季，长途飞行，去到东北，在那里度过凉爽的夏天。

在这里多种多样的鸟类中，震旦鸦雀在芦苇中过冬，以芦苇秆上的介壳虫为食。在中国和欧洲，由于芦苇减少而引起食物缺少，这种鸟便沦为濒危物种，在这里也受到重点保护。

白鹳是这里第二种大鸟，游荡于池塘里和沼泽地上。这里还有13种爬行动物和其他许多动物不时地出现在游人面前，促进游兴。

高达30米的一座瞭望塔屹立在大丰麋鹿自然保护区里。站在这个瞭望塔上，俯视全景，海阔天空，景色秀丽，激动人心。这座瞭望塔，也是教育和科学研究的设备。观赏最吸引人的麋鹿和河麂以及遍地的鸟群，是你在这里最好的游历之一。此外，这里的一座展览厅，为教育、科研和游人，提供关于麋鹿的资料和标本。观望野生动物和钓鱼，都是有趣的主要项目，游人可以参加。

许多较小的野生动物区，为各种水禽提供繁殖栖息地。在非繁殖季节里向游人开放，但游人对野生动物不得进行干扰。

大丰麋鹿自然保护区的景色，特别是春季和夏季的景色，赏心悦目。春天野花盛开，溢香吐艳，五彩缤纷。野百合、兰花、草甸花和其他许多野花，都竞相开放，将大地装饰得更加靓丽，多彩多姿。鸢尾花在路边，文雅地点头，似乎热情地欢迎你。有些秀丽的野花，从其纤细的秆上垂吊下来，在微风中飘舞。在池塘周围，毛茛开着黄花，含有蜜源，蜜蜂在其周围嗡嗡地飞舞。夏季，粉红色的莲花，盛开湖面。林鸳鸯带着它们毛茸茸的小鸟，来到湖上，在莲花巨大的绿叶下休息乘凉。池水十分平静，十分清澈，池旁布满野花的沼泽地，池上蔚蓝的天空都倒映在池水中，景色如画。与城市交通嘈杂的声音相比，这里极为静谧，似乎是另外一个世界。

洋槐林、水杉林、杨树林和桂竹林，苍翠蓊郁，使大丰麋鹿自然保护区变得更加秀丽。高大茂密的芦苇，布满了池塘周围。种类繁多的温带和亚热带草本植物，包括各种各样的苔草，覆盖着大地。

大丰麋鹿自然保护区的主要注意力，集中在保护美丽的麋鹿。因为它是稀有的动物，处于濒危状态。为了成功地扩大麋鹿种群，大丰麋鹿自然保护区开展了一系列的科学研究项目。例如，古生物学、麋鹿的栖息环境、生物学等。大丰麋鹿自然保护区以保护和改良生态环境、保护和繁殖麋鹿为目的。目前主要的科学研究项目，包括麋鹿的营养、繁殖、栖息地的可用性、土壤、水、植被和食用植物等，以及将来将麋鹿放进更广阔的野外的可能性。

二、江苏盐城珍禽自然保护区

江苏盐城国家级珍禽自然保护区又称盐城生物圈保护区，由江苏省政府于1983年批准建立，1984年10月挂牌。1992年经国务院批准晋升为国家级自然保护区，同年11

盐城自然保护区的滩涂

月被联合国教科文组织世界人与生物圈协调理事会批准为生物圈保护区，并纳入“世界生物圈保护区网络”。1996年又被纳入“东北亚鹤类保护区网络”。

盐城保护区为我国最大的海岸带保护区，地处江苏中部沿海，辖东台、大丰、射阳、滨海、响水5县（市）的滩涂，海岸线长582千米，总面积174平方千米，其中核心区为1.74万公顷，土地权属保护区。保护区总部设在盐城市东54千米的新洋港镇上。保护区驻盐城办事处，设在建军东路173号（新四军纪念馆东侧大星小学门前）。保护区管理处为科研事业单位，属国家环保局、江苏省环保局和盐城市人民政府三重领导。主要保护丹顶鹤等珍稀野生动物及其赖以生存的栖息地，即滩涂湿地生态系统。

保护区地势平坦，气候温和，年平均气温13.7℃～14.6℃，无霜期210天～224天，降雨量980毫米～1070毫米，日光辐射量为116.2kcal/cm^2～121kcal/cm^2，灾害天气多为台风、暴雨、冰雹和霜冻。历史上古黄河和长江都曾在保护区南北两端入海，长江和黄河携带大量泥沙沉积形成废黄河三角洲，保护区北端海岸侵蚀，中南部淤长，全区每年淤积成陆9平方千米。滩涂北窄南宽呈带状分布，宽处可达15千米。保护区为里下河主要集水区，有十多条河流流经保护区入海。如：灌河、中山河、扁担港、射阳河、黄沙港、新洋港、斗龙港、王港、竹港、川东港、梁垛河、新港等。夏季多雨，上游河水下泄后，多形成滩涂涝灾，冬季多干旱。遇干旱年份，潮位较低，滩涂多因缺水而发育不良。

保护区生物地理位置位于古北界华北区黄淮平原亚区，北部与东洋界华北区接邻，动植物区系以温带为主。保护区是生物多样性十分丰富的地区之一，区内有植物

可爱的小獐

450种，鸟类379种，两栖爬行类45种，鱼类281种，哺乳类47种。其中国家重点保护的一类野生动物有丹顶鹤、白头鹤、白鹤、白鹳、黑鹳、中华秋沙鸭、遗鸥、大鸨、白肩雕、金雕、白尾海雕、白鲟共12种，二类国家重点保护野生动物有67种，如獐、黑脸琵鹭、大天鹅、小青脚鹬、鸳鸯、灰鹤、鹊鹞、斑海豹等。区内资源丰富，每年可产芦苇100多万担，水产品100多万吨，年出口沙蚕近300吨。

保护区是挽救一些濒危物种的最关键地区，如丹顶鹤、黑嘴鸥、獐、震旦鸦雀等。每年来区越冬的丹顶鹤达到千余只，占世界野生种群40%以上；有1000多只黑嘴鸥在保护区繁殖；千余只獐生活在保护区滩涂。盐城还是连接不同生物区鸟类的重要环节，是东北亚与澳大利亚候鸟迁徙的重要停歇地，也是水禽重要的越冬地。每年春秋有近300万只岸鸟迁飞经过盐城，有20多万只水禽在保护区越冬。保护区还是我国少有的高濒危物种地区之一，已发现有29种被列入世界自然资源保护联盟的濒危物种红皮书中。因此，盐城保护区在生物多样性保护中占有十分重要的地位。

第十二章 安徽省的自然保护区

一、九华山国家重点风景名胜区

九华山连绵起伏，林木葱郁，延伸100平方千米，由99座山峰构成。其中9座山峰最雄伟，包括十王峰、天台峰、莲花峰、天柱峰和其他5座山峰。十王峰海拔1342米，是这里群峰中最高的山峰，威严雄伟，树木葱茏，享有“中国东南最秀丽的山峰”的盛誉。

九华山在远古时代曾以另一个名称——九子山而著名。

九华山自然保护区气候温暖，雨量充足，土壤肥沃。这9座山峰，展示着各自的自然美景。深绿色的松林，翠绿色的竹林，凉爽的山洞，奇形怪状的岩石，银色的瀑布，清澈的河流，青翠的田野和宁静的村庄，共同组成了这幅迷人的图画，构成一片多彩多姿、秀丽迷人、令人激动的景色。站在古庙前高耸的山峰顶上，俯视周围，景色旖旎，如临仙境，令人油然而生超世脱俗之感。在这个仙境里，你可以欣赏极好的景色。群峰林立，崎岖险峻，此起彼伏，郁郁葱葱。10条水晶般清澈的小河，湍湍而流。18眼清泉，潺潺不息。龙池瀑布，数十米长，奔泻而下，咆哮如雷，跌入龙潭。东崖峰上，团团白云，在空中飘浮。庄闵园里，竹林茂盛，苍翠欲滴。站在天台峰上，观望日出，红日跳出云海，射出万道

秀丽的九华山

金光。在莲花峰上观看云海，滚滚白云，变化无穷。在平岗峰上观望雪景，峰顶白雪皑皑，峰下苍松翠柏，对比鲜明，格外清新。观看明镜般的池塘里鱼群游动，倾听悦耳的鸟的歌声，也会给你在这里的游览增添乐趣。

在温暖的季节，这里的大部分土地上，野花盛开，将这里的大地和山峰装饰得五彩缤纷。多种野兰花、野玫瑰和山桂花，使林地变得靓丽，空气中洋溢着野花的香气。

从九华镇的九华街，向东南走去，在一座山峰的峰顶上，覆盖着茂密的竹林和金钱松林。一株高大的松树，叫作迎客松。它长长的枝叶，向下伸展，好像展开双臂，欢迎游客。高峰的南坡，布满了竹海，形成一个竹林的世界。再往上行，黄山松和杉木混交林，代替了竹海。茂密的树林，遮蔽山峰，四季常青。

庄闵园是一个美丽的风景区。它位于松林和竹林密布的峡谷里，其中有20多座寺庙和农舍，古刹林立，环境幽雅，飞檐绿瓦，红柱彩绘。靠近庄闵园的地方，有一株树龄1500年的古松，因其形状酷似凤凰，所以叫作凤凰松。这里是拍照的好地方，也可品尝用附近美女潭里未受污染的泉水和周围茶场生产的茶叶沏的茶。

沿着遍布保护区的小径漫游，可以听到一些声音，参观一些图片展览，使游人了解到这个保护区里的“三宝”：

丁东鸟，它是一种体积小、红嘴巴、白脑袋、黑尾巴的鸟。因为它能发出叮叮咚咚的叫声，所以被称为丁东鸟。这种叫声奇特的小鸟，只存在于在九华山里。

另外一宝，是一种奇特的果树，叫作圆翅果。因为它秋季结金钱状的果子，所以当地人称之为金钱树。

第三宝，是大鲵。它的叫声，很像小孩的哭声，所以，当地人称之为娃娃鱼。它也是这个保护区特有的动物，生活在这里的深池里。

山峰云海

栖息在树梢上的可爱小鸟

这里宜人的气候、幽静的环境和极好的景色，吸引着国内外越来越多的佛教徒来这里朝圣。夏季，越来越多的游人，来这里度假，使身心松弛。这个保护区盛产竹笋、茶叶、橘子和鱼。如果春天来这里一游，你可以饱餐这里鲜嫩的竹笋、新鲜的鱼和茶。如果秋季来这里，当地人会用柑橘来招待你。

二、扬子鳄自然保护区

1. 最稀有的爬行动物之一

扬子鳄自然保护区，位于安徽省宣城市宣州区境内，长江下游。区里的自然条件正符合扬子鳄的习性。区内湖泊、池塘和沼泽地密布，湖边、池边和沼泽地边，清澈的小河蜿蜒而流。丘陵和平原地区的河滩和堤坝，为扬子鳄提供了极好的家园。

鳄鱼是当前活着的爬行动物中最早的古老爬行动物。扬子鳄则是世界上最早的古老鳄鱼之一，起源于中生代。扬子鳄与中生代早期的恐龙，有着近亲关系，已有2.3亿多年的历史了。它曾与恐龙一起生活了1亿年之久，在恐龙从地球上消失以后，它幸运地存活了下来。因此，它被叫作“活化石”。现在，全世界有20多种鳄鱼，扬子鳄属于短鼻鳄鱼科，另一种短鼻鳄鱼科是扬子鳄的近亲，叫作密西西比河鳄，也是稀有种，栖息于北美洲。世界上现在只存在这两种短鼻鳄鱼科爬行动物了。

扬子鳄是中国最稀有的特有动物之一，曾一度栖息于淮河流域和长江中下游辽阔的淡水区里。很久以前，它曾分布于沿江岸的6个省里。不幸的是，它与全世界的鳄鱼遭受着同样的灾祸，扬子鳄也曾被认为是一种有害的动物，人们为了得到其皮革和肉而对其进行大批的屠杀。因此，扬子鳄及世界上其他鳄鱼种群的数量，都正在大量减少，有几种鳄鱼已经灭绝。此外，人类的干扰不断增加、环境恶化和气候的改变，都使其曾经广泛分布的栖息地，缩小成目前很小的地区。现在，只有在3个省的边境地区，即安徽、江苏和浙江省的野外，有种群数量不到500条的扬子鳄了。此外，在19世纪60年代，能看到体重超过50千克的大扬子鳄，现已十分稀少了。扬子鳄的身躯越来越小，近几年里，在中国很难找到体重10千克的扬子鳄。栖息地缩小和环境恶化，对扬子鳄构成了严重的威胁，使之处于绝种的边缘。因此，在国际上，它被认为是世界上最稀有的动物之一，也是中国国家保护的一类动物，进行抢救，刻不容缓。

2．扬子鳄的生活习性

扬子鳄是有鳞的亚热带食肉动物和冷血动物，其身躯2米左右，10千克～20千克重，可以活到50岁～60岁。它的背部呈黑褐色，腹部为灰白色，具有四条粗短的腿。它在地面上爬行，行动缓慢，懒洋洋的，但是，在水里活动，却惊人地灵活。它后肢趾间有蹼，使它爬行和游泳都十分迅速。它长而有力的尾巴能猛烈摆动，是在水下游动的推动器，也是它进行自卫和攻击敌人的武器，令人生畏。

扬子鳄主要栖息于海滩和沼泽地上的洞穴里，周围布满芦苇、竹子和其他灌木。它以螺旋形的贝壳、淡水贻贝、鱼、青蛙、鼠、鸟和其他小动物为食，必要时，也能在陆地上捕猎食物，但是，它通常埋伏在水里，等待猎物。当猎物靠近它时，便向其猛冲过去，扑腾扑腾，水花四溅。几乎同时，被猎物还未明白过来遇到了什么事情时，就已被鳄鱼吞咽了下去。吃饱食以后，它无精打采，在江滩上的小树上或岩石上晒太阳。它的牙齿不能咀嚼猎物，但其胃肠功能极好，能将任何被猎物弄碎，变成可以消化的碎块。它消化力和耐饿力极强，6个月之内不吃东西，也照样能活。

扬子鳄于5月～6月之间，在水面上进行交配。交配之前，雄鳄在夜间通过江滩或沼泽地发出响亮的吼叫，邀请配偶。雌鳄在遥远的地方立即响应。在它们吵闹的求爱活动之后，雌鳄游到雄鳄跟前，双方共同游泳，然后进行交配。一只雄鳄与4只～5只雌鳄进行交配。每只雌鳄每年9月在河岸上产蛋，每年产数个到数十个蛋，每个蛋像鸭蛋那样大。母鳄不自己孵蛋，而是靠适当的天然温度自然孵化。70天之后，幼鳄从蛋壳里孵化出来。扬子鳄性情温驯，但在保卫其地盘、窝巢、鳄蛋和幼鳄时，却十分凶猛，

扬子鳄

会张开布满尖利牙齿的大嘴，发出嘶嘶的声音，对入侵者冷酷无情，进行威胁。

扬子鳄用它钝拙的鼻子和十分有力的尾巴猛推泥土，在地下筑起一个大洞，作为它的“家园”或者庇护地。这个大洞，结构复杂，很像迷宫，有几个出口和分支通道，通常在池岸或河岸上开口，外面笼罩着高大的树木或茂密的灌木和野草。这个洞离地面有2米～3米深，其中有“卧室”“起居室”和一个池塘，即使在干旱季节，池里也存着许多水。这个洞弯弯曲曲，伸向四方，以阻挡大风和冷空气直接侵入，因此，洞里保持恒温，一般为10℃，即使在严寒的冬天也是如此。

扬子鳄有在其洞中冬眠的习惯，从10月下旬到第二年4月中旬，冬眠6个月。如果在其冬眠之后两个月之内，它没有吃到食物，也仍可存活。它为什么能如此忍饥挨饿？原来这是因为它能最大限度地节省其身体的能量消耗。它总是慢慢腾腾地向前移动，常常俯卧达数小时之久，在24小时之内，只移动2小时～4小时，以达到减少能量消耗和营养需求的目的。

各种鳄鱼，包括扬子鳄，都是古老的爬行动物，都具有重大的科学价值。关于鳄鱼生态环境、地理位置、生活习性和生物特征的科学研究，对研究古地质学和恐龙胚胎的发育，具有极端的重要性。

为了保护和繁殖扬子鳄，也为了保护其栖息地，将这种动物从绝种的边缘拯救出来，1978年在安徽建立了一所扬子鳄繁殖场，1983年扩大为研究中心，1992年升级为自然保护区。这个保护区面积为433.33平方千米，为这种最稀有的濒危物种提供着最后一个庇护地。在这里成功地进行了扬子鳄的人工繁殖和饲养，使扬子鳄的种群大大增加。

第十三章

浙江省的自然保护区

天目山自然保护区

1. 古代的巨树

天目山自然保护区位于中国华东，是距浙江省省会，即著名的风景城市杭州市94千米的一片连绵起伏的山区，它以非常丰富的巨大而珍贵的古树和极为秀丽的自然美景而闻名。

起伏的高山、温和的气候、充足的雨量和肥沃的土壤，哺育着茫茫的原始森林，其中包含着数量巨大、生长健壮的植物种群。因此，这个保护区享有“古树之乡”的美称。天目山自然保护区的名称，来自两座山峰顶上的两个大湖，这两个大湖看起来很像天空的两只眼睛，故名天目。这两座山峰，分别屹立在保护区的东部和西部。

天目山自然保护区拥有原始老龄林。沿着通向高峰的石路漫步而上，只见巨树参天，高耸入云，屹立在静寂的路旁。山峰之上，绿林密布，林海苍茫，绿波浩荡。在海拔1100米处有一个风景区，叫作七里亭，位于所谓“巨树王国”的地方。在这里，你可以看到生长最集中而且面积最大的柳杉林。柳杉是这里的参天古树之一，其树龄已达数百年到1500多年。一般的柳杉，树干粗大，树冠冲天，高达30米，直径1米。最高的柳杉，高达40米～45米，胸径达到1米～2米。清代的乾隆皇帝曾于1751年和1784

年，两次观看过这里最高大的柳杉树，并授予它们“巨树之王”的光荣称号。

金钱松可能是中国目前已知的最高大的活树，通常高达45米~50米，胸径达50多厘米。最高的金钱松，高达55米，胸径达到1米以上。这种树高入云霄，其高雅优美的树形，使它成为当今世界上适合在保护区里栽植的五种最大最美的树种之一。其余的四种树，是北美红杉、金钱松、南洋杉和雪松。金钱松分布于海拔400米~1100米的山上，巍然屹立，使其周围的其他树木显得比较矮小，由于它的树皮形似古时的金钱，所以，被称为金钱松。

银杏是第四纪冰川时代幸存下来的一种古老残遗种。因此，它被认为是一种活化石树，野生的银杏树，是中国特有的种树，曾经只生长于天目山自然保护区里，因此，它也被称为世界银杏树的祖先。现在，有300株古老的野生银杏树在这里茁壮成长，其平均高度为18.4米，胸径达到45厘米。最大的一株银杏树，高达30米，胸径达到123厘米，一株古银杏树，屹立在一座悬崖上，萌生出20多株幼树，形成只有一株母树的小森林，或者叫独木林，占地20平方米。银杏树的果实，营养丰富，其叶子对治疗心脏病有帮助。

天目木兰也是天目山自然保护区里特有的一种古老残遗种。每到早春，当其他的野花都还冬眠未醒时，它就盛开了。天目木兰花朵高雅，芳香扑鼻，是一种很好的观赏植物，适合在花园里栽植。其叶子和果实，都可治疗癌症。

天目山保护区的金钱松

古老树林

夏蜡梅是蜡梅的一种，也是一种美丽的观赏植物。20世纪70年代，在天目山自然保护区里发现这种花以前，人们一直认为，这种花只是北美所特有。在一般情况下，冬蜡梅冬天开花。但是，这里的夏蜡梅，却夏季开花。

站在任何一块高地上，都可俯视青山起伏、峡谷密布的全景。大量巨大的树木，像教堂里的大圆柱，伸向蓝天，刺入云霄，堪称这个地区的摩天树。它们的树冠，交织成阴暗的华盖，遮天蔽日，几乎没有阳光能透过华盖照射在林地上。这些绿色的华盖，常常笼罩在云雾里。壮丽的树木，在峡谷上和峡谷里都十分显著，创造出一个静谧幽寂的阴凉世界。只有树上的风声和鸟的歌声，打破森林的静寂。

天目山自然保护区不仅因其独特的自然美景，而且也因其宜人的气候，而吸引游人。这里的夏季令人愉快，为人们提供了一个舒适的避暑胜地。冬季气候温和，春季更是迷人。这里总是景色绮丽，风光旖旎，使人赏心悦目。葱郁的森林使人们远离林外的嘈杂，也使人们摆脱了日常琐事，身心松弛，怡然惬意。

这里拥有种类多得惊人的植物，包括2500多种维管束植物。大量有用的植物在这里茁壮成长。其中有1150种药用植物，800种蜜源植物，160种纤维植物，120种淀粉和含糖植物，190种油料植物，160种香料植物，140种单宁植物，90种野果树和650种观赏植物，还有生长茂盛的蕨类植物和苔藓。这些植物中的许多植物，都是中国或天目山自然保护区所特有的植物。银杏、金钱松、天目铁杉、独花兰和一些能治疗癌症的药草等35种珍贵稀有和濒危的植物，都受国家重点保护。

从早春到秋季，色彩绚丽的野花遍地盛开，4月中旬最为鲜艳。杜鹃花、野玫瑰、欧洲荚莲、美人蕉、百合花、菊花、木兰花、树牡

浓郁的森林

丹和多种其他美丽的野花，布满了山坡、小山、路旁、河岸、湖畔和所有的风景区。杜鹃花使山峰变得靓丽，桂花和许多其他的野花，使空气充满芳香。

2. 稀有的野生动物

这里独特的生态环境，为200多种野生动物提供了极好的栖息地。华南虎、云豹、豹子、鬣羚、梅花鹿、黑麂、猕猴和白颈长尾雉等野生动物，都是国家重点保护的一类动物。

梅花鹿常在林边、靠近河流和小溪的灌木地里及草地上游荡。其肩高为1.3米，身长1.7米，体重100千克～120千克。在不同的季节，其毛色也不相同。夏季呈红褐色，冬季呈暗褐色，背部点缀着椭圆形的白斑。

梅花鹿是群居动物。通常母鹿与其幼鹿生活在一起，而公鹿则单独生活。它们没有固定的巢穴，常在它们喜欢的地方栖息。冬季，它们居住在靠近陡峭悬崖的地方，寻找干草和干树叶为食。吃饱食以后，在悬崖下晒太阳取暖。夏季，它们在草地、沼泽地或灌木中游荡，以嫩绿的树叶和青草为食，

豹子

有时也偷吃农田里苞米和水稻的幼苗。

秋季是公鹿们为争夺配偶而与其情敌们互相争斗的季节。它们用鹿角与情敌拼死搏斗。母鹿们则站在一旁，观望公鹿们的斗争，同时，摆动着尾巴，给公鹿们鼓劲。在反复紧张的搏斗之后，最强壮的公鹿终于击败了它的情敌。这时，一群母鹿会来到满身是泥的获胜者跟前，从头到脚地亲吻它，表示对获胜者的爱慕之情。被击败的公鹿们，则离开这群鹿，站在附近的小山顶上，以嫉妒和失望的神情，观望着获胜者与它的“妻子”们。

梅花鹿跑得很快，视力十分敏锐，能及时发现天敌，并从天敌跟前立即跑开，飞奔而去。梅花鹿每秒钟能跑20多米。当受惊时，能从4米~5米宽的河流上一跃而过。当受猎人或天敌追击时，它能连续奔跑数十里，跃过山谷和河流，将大

风光如画的风景区

多数追击者抛在后面。然后，当追击者放弃追击时，它们就沿着同一条路线上它们的脚印，安全地返回其栖息地。

梅花鹿是受国家重点保护的一类动物。在天目山自然保护区建立以前，它曾被猎人赶出了这个保护区，在中国的南方几乎绝种。天目山自然保护区建立以后，它才重新在这里繁殖，数量也有所增加。但是，仍然面临着被偷猎的威胁。

3．美好的风景区

凉爽的气候，壮丽的自然景观，景色如画的旅游景点和方便的交通条件，以及迷人的自然历史，使天目山自然保护区成为最受欢迎的度假地之一。来这里一游，会欣赏到多种多样的景色，并增加各种阅历。这里有4条纵横交错的河流；5个大山洞，9个平静如镜的湖泊和7条峡谷点缀在群山之中。还有覆盖在山峰顶上的8块台地；28

丰富的树木资源

座山峰，高耸入云；28块巨大的岩石，奇形怪状；48座古庙，16座亭子和大量的历史遗迹和自然美景，欢迎游人前来欣赏。站在高处，你可观赏到这里最迷人的景色和恬静幽深的森林，探索这里的自然生态、文化和历史，还可以欣赏古代著名的学者和诗人的题词，划船、钓鱼或摄影，都可使你精神松弛，心旷神怡。禅原寺风景区和开山老殿风景区，都位于这个保护区的中心，拥有大量集中的景点，展示着天然的或人造的景观和古代文化。

位于海拔1506米处的仙人峰风景区，是一片最好的高地。站在这块高地上，可俯视四周，观望日出、云海、壮丽的山峰、巨大的岩石和明镜般的湖泊。冉冉升起的太阳，金光灿烂，照射山坡，将云团都染成了金色。站在高处，俯视下面的景色，你会感到似乎在空中飘浮游荡。

4. 保护性的科学研究

由于天目山自然保护区在250万年前的第四纪里很少受到冰川的袭击，所以，这里成为一块幸运之地，至今保留着丰富、珍贵稀有的古代原始物种。这片总面积为40平方千米的土地上，植物覆盖的面积达到97%，使这个保护区成为一个珍贵稀有的基因库，可供科学研究，也是极好的户外课堂。这里保存的大量古老、珍稀树种，代表着中国植物区系的特征，也显示着天目山自然保护区的植物区系，与中国华北、华南、西南和日本及中美洲植物区系之间的密切关系。由于天目山自然保护区展示着中亚热带北部的典型植被，因此，为研究动植物区系、植物群落的形成和演化，以及野生动物的繁殖，提供了非常宝贵的研究基地。这里已经建立了科学试验区和用于研究和教学的科学技术馆。许多研究项目正在进行之中。随着旅游事业的发展，这个保护区享有越来越高的声望。由于这里在自然保护和科学研究方面，具有很高的价值，所以，1996年被联合国教科文组织列入了国际人与生物圈保护区网。

第十四章 江西省的自然保护区

一、鄱阳湖自然保护区

鄱阳湖国家级自然保护区位于江西省永修县东部。鄱阳湖是我国最大的淡水湖，水位最高时湖泊约170千米长，最宽处为74千米。形状像一个大葫芦，倒挂在长江南岸。由赣江、抚河、饶河、信江、修河5条主要河流分别从西、南、东南三面供水，然后注入长江。枯

鄱阳湖自然保护区的白鹤

水季节，水落滩出，各种形状的湖泊星罗棋布，草地、湿地碧绿一片。1980年建立鄱阳湖自然保护区，面积为350平方千米，1988年建立鄱阳湖候鸟国家级自然保护区，面积为224平方千米。

鄱阳湖的植被在湖泊中的主要水生植物为苔草、眼子菜、绿藻、蓝绿藻，仅有小面积的芦苇。附近山地丘陵植被是以苦槠、丝栗栲、钩栲、甜槠、青冈栎、木荷等为主的常绿阔叶林天然次生林；此外还有杉、竹混交林；杉、马尾松及阔叶树混交林；常绿与落叶阔叶混交林和落叶阔叶林等。人工林大多为杉、马尾松及其他经济林树种。

保护区内有9个淡水湖泊及周围沼泽地和湿草地。湖水面积在4月～9月的丰水季节为464.66平方千米，而枯水季节仅为50平方千米。保护区内的低丘岗地海拔为37米，有一些森林、农田和沙山等。保护区除湖泊外，还有山地丘陵，西北部起伏较大，东部及东北部地形较为平缓，南部则多为坦荡的农田及低丘岗地。

鄱阳湖是白鹤等珍稀水禽及森林鸟类的重要栖息地和越冬地。

鄱阳湖珍稀鸟类——飞翔的乌雕

白鹤是我国一级保护动物，野外总数大约为3000只，其中90%在鄱阳湖越冬。白枕鹤为我国二级保护动物，野外大约有5000只，其中60%在鄱阳湖越冬。珍贵、濒危鸟类还有白鹳、黑鹳、白鹤、大鸨等国家一级保护动物；斑嘴鹈鹕、白琵鹭、小天鹅、白额雁、黑冠鹃隼、鸢、黑翅鸢、乌雕、凤头鹰、苍鹰、雀鹰、白尾鹞、草原鹞、白头鹞、游隼、红脚隼、燕隼、灰背隼、灰鹤、白枕鹤、花田鸡、小杓鹬、小鸦鹃、蓝翅八色鸫等国家二级保护动物。

二、庐山自然保护区

庐山自然保护区位于江西省柴桑区境内。庐山为风景名山，素有"匡庐奇秀甲天下"之称，大小山峰重叠，千姿百态，形状各异，高度都在海拔1000米以上，其中大汉阳峰为最高峰，海拔1436米，登临峰顶，北望长江如带，南观鄱阳湖如镜，烟波浩渺，水天一色。1981年建立庐山自然保护区，面积为304.66平方千米。

庐山的植被在海拔700米以下主要为常绿阔叶林带；海拔700米～1000米之间为常绿落叶阔叶混交林带；海拔1000米以上为落叶阔叶林带。森林覆盖率达76.6%。常绿阔叶林带由于人类活动的干扰、破坏比较严重，仅存小片分布。首先从灌草丛中恢复起来的是马尾松林，在山麓中分布很广。落叶阔叶林带破坏也比较严重。在海拔800米以上主要为黄山松林。

庐山是江西山地森林鸟类的重要栖息地。珍贵、濒危鸟类有国家二级保护动物，如鸢、苍鹰、草原鹞、红隼等。其他常见或易见的鸟类还有山斑鸠、红翅凤头鹃、小杜鹃、大杜鹃、三宝鸟、大拟啄木鸟、绿鹦嘴鹎、黑鹎、虎纹伯劳、北红尾鸲、紫啸鸫、棕颈钩嘴鹛、红嘴相思鸟、松鸦、红嘴蓝鹊、大嘴乌鸦等。